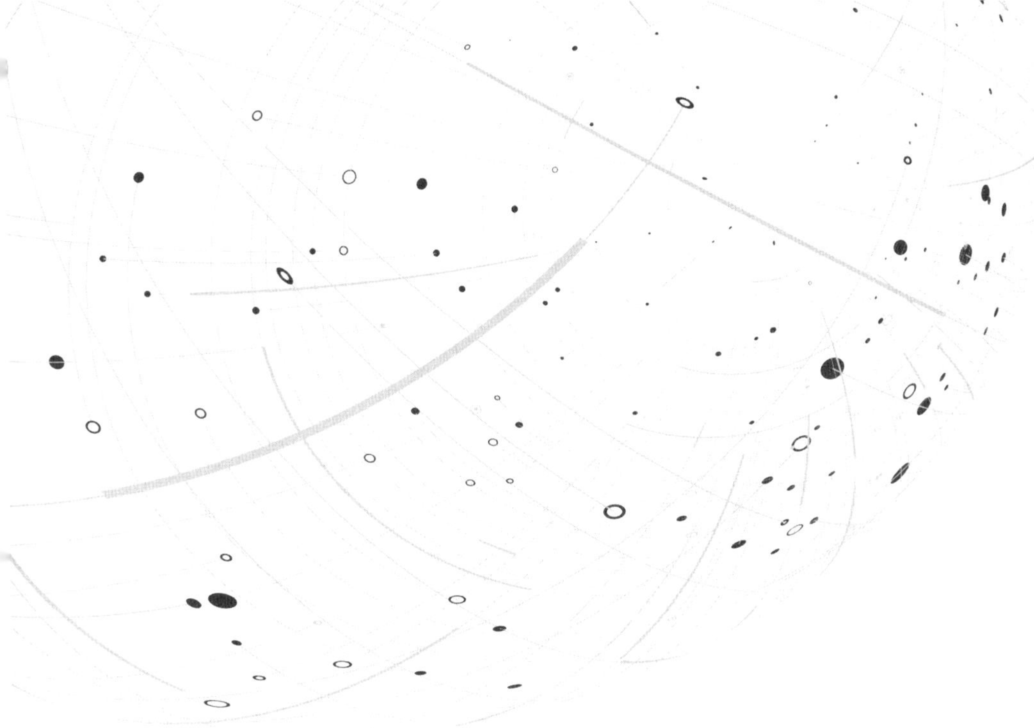

# 打造國際思考力

山中俊之／著
Toshiyuki Yamanaka
廖佳燕／譯

國際化人才必備的5+1個習慣

Adaptability
for a rapidly changing world

八方出版

# 目次

## 第二個習慣 改變「吸收知識」的方式 …… 65

## 第三個習慣 改變「面對工作」的態度

# 前言 成為國際化人才必須具備的習慣

我的職業是開發國際領導人材的培訓師。目前為止在我舉辦的培訓活動、諮詢、大學演講、或者國際商業舞台以及外交現場上接觸過國內外4萬名左右的領導人或候用領導人。「要怎麼做才能擁有國際化的能力，活躍在世界舞台上？」我經常會以這個最頂尖的議題和全球許多的領導者進行討論。

本書融合了我自身多年的經驗累積，從「訊息處理」、「吸收知識」、「工作態度」、「群體互動」、「休閒時間」、「學習英語」的觀點，找出日本企業人士以及上班族的基本問題，統整並提供大家解決問題的方法和習慣。

## 《後知後覺「加拉巴哥化[1]」的日本社會》

「加拉巴哥化」這個詞彙只適用於日本。可能很適合用來形容包括我在內以及其他的

1 加拉巴哥化（ガラパゴス化、Galapagosization）：日本商業用語，指日本市場在自我孤立的環境下，獨自進行「最適化」，因而喪失和區域外的互換交流，在面對來自外國較好的技術和商品時，容易陷入被淘汰的危險中。

日本企業人士。生活圈只限於職場上和同事以及客戶的往來應對、假日的休閒活動就是宅在家裡看電視或是在自家附近晃晃……。這樣的生活模式持續下，不知不覺中你可能已經成了南太平洋中孤島上的鬣蜥。

我訪問過全球許多生產製造出創意商品或嶄新服務的新創公司（指設立不久的創業公司）。當時我滿腦子的想法都是「為什麼日本的媒體或雜誌沒有報導這個企業呢？至少沒有被大肆報導過」、「這麼具有影響力的企業，為何在日本卻不為人知？」。鎖國政策是以前日本江戶時代的歷史了，現在的日本在國際舞台上似乎已經對世界敞開了大門，但事實是**現在仍處於半鎖國狀態中毫無改變**（詳細見後述）。

現在，全世界都正在展現國際化，而日本人的訊息、知識、想法、行動、成果都還僅止步於國內，這會導致和整個世界的距離越拉越遠。這樣一來，就算是培育出大量的人才，也都無法走入國際社會。

用母語和自己國家的人交談、從國內的媒體獲取各式各樣的訊息、以自己國家利益為中心的想法來推展企業……這在世界各地都是很普遍的現象。以美國來說，除了一部分的大城市之外，平時和外籍的外國人接觸的機會並不多。而且大家也僅能從地方性的一般報紙以及大眾媒體，像是以 NBC 和 ABC 為首的三大聯播網中獲取訊息（本書中將既有的報紙、雜誌、電視等稱為「大眾傳播媒體」，用以區別個人投稿的「社群媒體」，這兩者合稱為「媒體」）。這些媒體中就有許多是以美國的角度、以美國為中心所報導的新聞。

這樣看來，有的人可能會覺得「從自己的國家角度、以自己國家為中心的並非只有日本而已，所以應該沒問題吧」。但是日本的問題不僅僅如此而已，還有以下幾個與世隔絕的特徵。

## 《導致日本「加拉巴哥化」的3個特徵》

**首先，日本雖然是人口超過一億的大國，但是國內在民族性和語言方面的同質性都很高。**世界上像這樣在民族性和語言方面同質性都很高的國家雖然不少，但是大多數都是較小型的國家。

人口超過一億的國家有中國、印度、美國、印尼、俄羅斯等國。這些國家都呈現了多民族（甚至是多語言）的共同存在。甚至即使是同一個民族，也會因地域性的不同而在文化和風俗習慣上有很大的差異，不禁讓人有「不是同一國人」的感覺（在非民主國家中雖然有些不去正視少數民族的問題，但是相對來說這些異質文化的存在對國政方面帶來了不少的影響）。這些國家具有多樣性的民族和文化特質，這一點和日本是不一樣的。你不得不意識到有些人的特質就是和自己身邊的人都不相同。

就算以同質性較高的韓國為例來說，韓國人口約有 5100 萬人（2016 年），由於國內市場較小所以他們將目標放在全球。大家應該都聽過許多韓國家庭母子赴美留學，獨留父親一人在韓國孤單奮鬥的事吧。

大家也都知道，除了原住民族愛奴人之外，的確還有其他像是在日朝鮮人等祖先是外國籍的人們居住在日本。但是由於這些人的同質性本來就高，所以也沒有移民上是否融入的問題，因此和其他人口超過一億人的大國相比較，日本相對無疑是在民族和文化上同質性是較高的國家。在這樣的國家中，對異文化的感覺敏銳度較低，也無形中強化了對內的交流，以致於漸漸有加拉巴哥化的情形。

第二個特徵，**日語和國際標準語言英語完全是兩種不同的語系，由於差異性太大，所以在學習英語方面相當地困難。**這也是造成外國人對日語的學習意願止步不前，讓日本成為封閉性國家的原因。

在民主主義國家，而且是先進國家中，領導階層（政治家、經營者、新聞工作者等等）英文不佳的比例如此之高的只有日本（將在第6章詳述）。其中最主要的原因除了英語教育在質和量方面的問題之外，還有其他因素存在，像是日本的經濟活動大多是在國內進行，所以感受不到學習英文的迫切性等等。但不可否認的，因為日語和英語以及其他國際語言之間的差異性太大，以致於學習上會有許多障礙。

另外，日本人所使用的是較為複雜的漢字，對外國人來說學習上也相對困難，所以外國人對於日語學習的情況也是停滯不前。大家都知道，中國本土的漢字在中國共產黨革命之後就已經簡化為簡體字，日本目前使用的卻是比中國還要複雜的漢字（台灣使用複雜的繁體字）。這也造成語言學習上相當大的隔閡。

第三個要談的特徵是**日本人對宗教的認知和理解較少。宗教一向在全球人們的思想和價值觀中扮演著核心的重要角色**，即使是現在國際間許多紛爭的由來也都是因為宗教問題。

舉例來說，歐美社會對捐款這件事非常地重視，這正是反映了基督教的價值觀。但是對日本人來說，宗教就和政治一樣是大家避免碰觸的議題，這也是目前的現狀。因日本人討論宗教的機會較少，就無法進一步對宗教有所認知和理解。在對宗教沒有充分認知的情況下，很難去理解世界上許多領導者們的價值觀。結果自然地就加拉巴哥化。

當然歐美也有很多人認為自己是沒有宗教色彩的，但是歐美深受著基督教價值觀的影響，而伊斯蘭教的生活習慣和價值觀也早已深植於以中東為首的那些伊斯蘭國家中。

我認為就是因為以上的3個特徵導致日本人以及整個日本社會陷入加拉巴哥化中。

## 《戰勝國際化、AI化的「黑船[1]」》

經過以上將海外國家和日本進行比較之後，也許有人會覺得「自己是土生土長的日本人所以沒關係」，但是，嚴格說起來真的可以說和自己毫無關連嗎？

目前對所有的企業界來說最大的威脅莫過於國際化以及AI（人工智能）化兩件事。

所謂國際化帶來的威脅，指的是**薪資所得較高的日本企業人士和上班族很有可能會被海外的工作人員所取代**。

包含高階管理職務在內的經營階層，以及一部分的IT技術人員先暫且不論。在薪資方面，雖說各個國家或業種有所不同，但是日本和全球其他同樣規模、同樣企業種類相較之下，據說連初階管理人員的薪水都比別的地方高。的確，如果和開發中的新興國家相比較的話，日本人的薪資酬勞較高是不難猜想的。

但是，你可千萬不要有「薪水那麼高真是幸運啊」的心態。薪水給得高這件事，從資方的角度來看是「應該要被削減的成本」。如果在效率方面完全相同的話，企業主為了節省人事費用，就會考慮轉向那些新興國家為首的海外去僱用員工。

大家應該都知道，日本國內汽車或家電等等公司的生產據點，都已經從日本轉移到成本相對較低的海外了。今後市場行銷以及研究開發的據點也有可能會慢慢轉移到海外去。事實上在我專業領域的人才開發和課程培訓這一部分，外資全球企業在亞洲的據點已經從東京轉移到新加坡和中國等國了。除了據點之外，從東京轉到新加坡的工作人員也不少（日本的大眾傳播媒體雖然指出東京有企業過度密集的問題，但其實那只是我們國內覺得這樣而已。實際上，對外資全球企業來說，東京在亞洲的地位正在不斷滑落，從全球的觀點來看的話，甚至可以說東京的衰退是日本需要面對的一個課題）。

在日本人的工作不斷被海外人員所取代的同時，日本國內以封閉的角度來比較自己公司和其他公司的薪水高低是沒有用的。日本有必要的是和中國以及印度等等開發中的新興國家單就同樣工作的薪水來比較。**今後對自己所僱用的員工和薪資都必須從世界的觀點來評估才行。**

1 黑船：意謂外來、嶄新的事物。

最近很多人應該都從媒體上聽過「因為少子高齡化導致就業人口不足」、「勞方市場」等等用語。其實那些針對的是建築業、護理界、餐飲業以及一些零售產業方面，而原因則是出在工作和薪資的不對等以及供給和需求上的不平衡所導致（因為無法大幅調高薪資，所以無法輕易解決問題）。

我們再來看看另一個將由AI產業所帶來的威脅。**今後許多的工作將由AI所取代**。這個現象不單只發生在生產現場，事務、營業、中間管理階層、甚至是經營者的工作都有可能會被AI所取代。

英國牛津大學進行AI研究工作的副教授邁克爾・奧斯本（Michael A Osborne）表示，今後美國就業人士的47%將被AI等所取代（論文『雇傭的未來——電腦化是否會帶來失業問題』）。

另外達佛斯論壇[1]的創始人克勞斯・馬丁・史瓦布（Klaus Martin Schwab）也指出一種可能性：「到2020年代中期時90%的新聞將幾乎不再需要工作人員，只要經由電腦演算處理就可以完成」（『第四次產業革命——達佛斯論壇預見的未來』）。就連專業性相當高的新聞記者都有可能被AI化取代不見，真的讓人感到驚恐。

**現今我們已經進入了一個指數時代**。所謂的指數變化（又稱為大轉變），就是含AI在內的IT技術和行銷的成長已經不再呈線型的慢慢變化，而是以不知幾倍指數的速度在短時間內就一下子激增成長（參照圖1）。1990年代初期，當時還不存在的Google、亞馬遜、Facebook就是以這種指數函數變化的方式，以海嘯之姿席捲了整個市場。

全球化和AI化所帶來的威脅，讓我們目前的工作在一夕之間化為烏有的危險性相當高，即便情況不是如此，也很有可能讓我們成為低薪社會。

1853年美國海軍馬休．佩里率領的黑船來航事件，沒有人想到它將會對江戶幕府帶來一連串的劫難。但是佩里來航的短短15年間，就瓦解了260年歷史的江戶幕府。現在，對於全球化和AI化的來襲，很多日本人就和幕末日本人的想法一樣，並不認為事情有那麼嚴重，總覺得「不要擔心，一切都會變好吧」。

但是面對這兩艘名為「全球化」和「AI化」的黑船，日本在職場上的各個階層都應當要有充分的了解並且必須有一些政策來應對。到目前為止我們所討論到的，全球化和AI化的來襲不只是會讓我們工作不保，我們自己也必須大幅度改變自我能力的開發戰略、提升自我的市場價值、進而成為國際化人才。

1　達佛斯論壇（Davos Forum）：世界經濟論壇（World Economic Forum，簡稱WEF），成立於1971年。每年冬季在瑞士達佛斯舉辦的年會，俗稱達佛斯論壇，歷次論壇均聚集全球工商、政治、學術、媒體等領域的領袖人物，討論世界所面臨最緊迫問題。

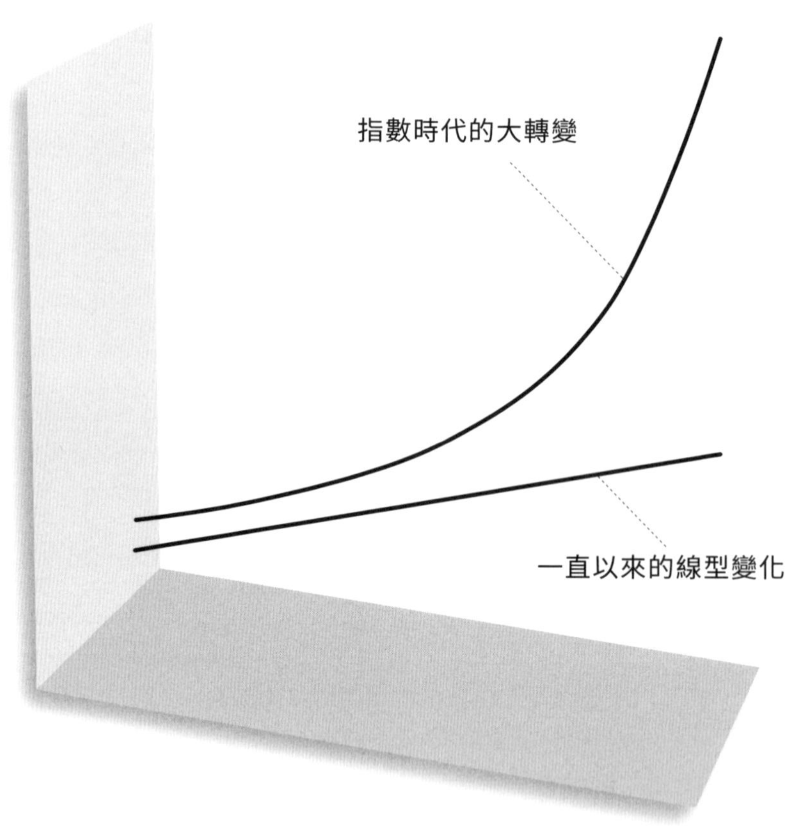


圖 1

## 本書的 3 個特徵

第一，**以全球的觀點來發掘領袖和人才。**這是我的專業領域，我從培訓、大學演講、到全球化企業的現場協助開發培養將來能擔任行政管理和領導的人才。

自 2000 年起擔任人力開發的諮詢顧問以來，累計約和 4 萬名領導者會談，也舉辦了關於領導力的培訓課程，參加人數約有 3 萬名以上。近年非洲對於領導創造革新的養成也相當重視。他們將全球正在發生的諸多問題和其歷史、社會、文化等背景因素進行討論的同時，思考自己作為一個領導者接下來應該要提出的應對策略。然後對客戶或貿易夥伴國家的市場開發提供協助，不僅如此，也把自己當作經營者和外資國際企業進行堅定的交涉。

另外，我在埃及、英國、沙烏地阿拉伯擔任駐外大使的各項經歷，加上我在90幾個國家現場的視察見聞、出席多次國際會議的經驗、拿到和佛教思想相關科系的碩士以及正在大學修習藝術的課程等等，這些經歷在廣泛的意義上來說都成了開發領導人才的重要骨幹和核心。

第二，**重視訊息的吸收。**

「如果有八個小時可以砍樹，我會用六個小時把斧頭磨得更銳利。」這是美國第16任總統亞伯拉罕．林肯說的話。

如果想要有所改變，吸收訊息絕對不可或缺。在本書的第1章和第2章就會先談到關於如何吸收「訊息」和「知識」，但是普遍的真相就是「沒有優質的訊息來源就沒有優質的訊息可以提供發送」。後面也會順帶討論到「OFF」，因為它也能刺激工作，廣義來說它也是一種吸收。

第三，**重視習慣的養成，鍛鍊可能讓你再次展現超水準的思考和行動（＝地頭力）。**在各章節中我會以舉例或依據、數據等方式舉出3個左右日本社會上的各種根本問題，然後導入10個習慣。想成為國際化人才，習慣化是相當重要的。

即便是一年當中只做幾次的活動，如果有其意義的話就去做吧，而那些只是極少數的例外行為和擁有特別立場的人的行動就可以被排除。以每天、每週、每月為單位所能做得到的行動為中心，考慮一些無論是誰都能採納並實踐的建議。

本書的根本課題，在於徹底地以世界的領導者為主，為了使其成為全球適用的人才所設計的。還有，那些習慣也是為此而培養的。並非只是為了日本國內、日本夥伴所設計的一般習慣而已。

## 構成本書的「5+1」

**第1章 改變「訊息處理」的習慣**。絕大部分的日本人都太過依賴日本的大眾媒體傳播的訊息，對當今目前全球的熱門話題反而全然不知。另外，太輕易就相信來自政府、大眾媒體龍頭以及部分具有影響力知識人的訊息。對國際化人才來說，除了訊息來源多元化之外，改變對訊息的閱讀和理解方式以及活用訊息，都是相當重要的。

**第2章 改變「吸收知識」的方式**。如果說訊息是一種在短期間內有用的東西，那麼相對的，基於長期的角度來看知識就是一種更有深度的東西。日本人一旦步入社會後，對自己在知識和技藝學習的能力開發上較不願意投資金錢與時間。現在這個瞬息萬變的時代，由於各領域和主題之間都互相有關連，如果只有一種專長是非常危險的。

**第3章 改變「面對工作」的態度**。全世界沒有任何一個國家像日本這樣，無止盡地加班，完全無視白領階級的時間成本和利益。上班族一旦進入職場就會被捲入公司派系鬥爭中，大家都害怕自己「樹大招風」所以要選邊站。另外，因為普遍來說追求穩定的取向強烈，因此往往不會冒著風險採取主動。這樣下去就無法讓自己的市場價值在公司外或在國外得到好的評價。我在這一章中提出大家在面對工作的時候能徹底改變工作態度、大幅提升士氣效率的方法。

**第4章 改變「社群互動」的模式**。把自己的生活圈限定在公司內或聊得來的夥伴之間，視野就會變得狹窄。想要成為國際化人才，改變社會互動模式是企業人士今後不可或缺的。

**第5章 改變「休閒時間」的安排**。日本人的過勞世界有名。「休息」指的不單單只是讓身體休息，也含有對工作的刺激、替代工作帶來的充實感等許多益處。近幾年，如何度過「休息時間」的議題，也受到全球企業人士的注目。這也是日本企業人士應該進行大幅改變的領域。

**第6章 改變「學習英語」的態度**。這一章是補論。補論中提到除了部分的人之外，外界對日本人企業人士的英語給予很差的評價，這也連帶著喪失了商機、甚至是經濟擴展的機會。如果只會日文，那麼你的訊息來源以及學習內容、人際關係都將受限。英語能力是改變所有行動的前提和基礎。

以上，本書的「5+1」共6個章節，依照各章的主題提供各種方法和提示，目的是希望大家能培養這些習慣來改變自己。

對已經加拉巴哥化的日本人來說，這些也許是很激烈的批評。但是**日本人重視和睦以及與自然共生的特性也讓全世界都誇讚**。我在「後記」提及了日本人的這些優點，對現今紛亂的世界來說，是有貢獻的必要性和可能性存在的，所以若您能讀完本書於我而言是莫大的光榮。

書中談及的方法和建議今後如果能對更多的企業人士有明顯的幫助，將是我最大的喜悅。

# 第一個習慣

# 改變「訊息處理」的習慣

所謂的訊息指的是對社會大眾來說，以某些型態所呈現的有意義的事實。具體來說，像是大眾傳播媒體、社群媒體、包含當事人以及現場在內的訊息。而且並非只是單純用語言傳達的訊息，朝氣、熱情、氣氛等等這些非語言的訊息也都涵蓋在內。

本章以短期間而且是目前正發生的訊息為例。讓大家知道我們平時所接收到的訊息，其實是非常片面的。原因如下：

- 訊息偏頗，以日本為出發點、日本為中心的訊息佔大多數
- 因為大型媒體企業和社群媒體等等的企圖或謊言蒙蔽，使得部分訊息不盡真實
- 有些訊息因為媒體不打算報導，自己也無法搜集到而被遺漏

訊息看起來似乎無所不在唾手可得，但實際上重要的訊息卻是被隔絕了，因此形成一種**訊息不足**、不確定感的狀態。網路的普及和伴隨而來的數位化革命（關於數位化革命有各種定義，在本書中指的是任何人都能活用數位訊息的時代來臨）讓各式各樣訊息的發送和接收都變得非常容易。

但是，也有很多人覺得這樣一來，任何人都能輕易以個人觀點發布和解讀訊息。像是

社群媒體中的假新聞等等就是其中的例子。

本章將提供一些習慣和方法，教大家在未來事事難以預料的21世紀裡，如何謹慎地區別篩選訊息、進行正確的判斷。

根本問題①

## 從日本角度、以日本為中心的訊息充斥市場所以不了解世界局勢

國外訊息到底在日本國內的新聞和報紙等大眾媒體中佔了多大的比重？像是美國新創企業的最新行銷訊息以及其創新經營的背景、海外企業的大型合併、中東的紛爭等等……這些新聞即便在海外被大肆報導，但是日本的大眾媒體卻不太重視，甚至不太大肆報導相關新聞。

日本媒體播報的內容大致以下列3種類型為主。

第一是日本國內的新聞。例如國內的政局和社會事件、藝人的八卦、日本企業的業績和新商品的推出行銷等等，我們平時接觸最多的媒體訊息大多屬於這種。

第二是日本和海外關係的新聞。像是日本外交關係，或是日本企業併購了某家海外企業等等。

第三種是和日本沒有關係的海外新聞，比如外國的總統選舉、外國企業相互併購等等。

大家應當要留意第一和第二種的新聞，這些新聞雖說都和外國政府與企業有關，但基本上都是從日本立場角度來看的訊息。第三種新聞也是，比方韓國的總統選舉，總統候選人的對日政策就會成為焦點，這就是從日本的角度來看選舉。海外企業的併吞也是一樣，日本媒體會從併吞後對日本企業的影響這個角度上來報導這則新聞。

我在查證各式各樣的大眾媒體之後發現，日本的媒體報導中**約有80%到90%是以本國為中心**來報導這些消息。全球的相關報導只佔了其中一小部分，大半的媒體報導的都是日本的訊息，相當偏頗和狹隘。這樣的結果，日本人當然很難知道世界到底發生了哪些事。

也正因為這種自我中心思想的報導，所以我們更加需要意識到「其他國家是什麼情況呢」、「全球性的標準是如何的呢」。

## 現實

全球的訊息

日本的訊息

## 日本的大眾傳播媒體

日本立場角度、
以日本為中心的訊息

全球的訊息

圖 2 & 3

根本問題

②

## 被訊息來源的企圖、謊言、篩選所蒙蔽而無法了解事實

基於訊息發送者的企圖、謊言以及篩選之後所釋放出來的訊息讓大家對事實無從得知、或難以認清，這也是一個很大的問題。由於數位革命之後，任何人都能輕易地發送訊息，這也導致問題更加地嚴重。

大型媒體方面出現明顯謊言或是誤報的情況很少見，比如像是總理大臣明明沒有發言卻誤報為有發言這種情形幾乎不會發生。但是社群媒體上謊言和誤報的訊息卻是滿天飛。另外，大型媒體為自身的利益和企圖去扭曲事實的情況也經常發生。我們來看看哪些是具體的企圖、謊言和包裝。

**第一是傳播媒體的想法和企圖。**大型的傳播媒體只要是營利公司，一定都會把注意力放在「賣得好嗎」、「(如果是電視)收視率高嗎」。甚至會針對電視台的新聞節目上，哪

一個主播在播報的時候收視率上揚，或者是下滑做詳細的分析。收視率不佳的主播很快就會被取代。

另外新聞的播報在聳動和煽情的內容上聚焦過多也是另一個問題。無論是政治家或是企業家，新聞的焦點都是放在他們的醜聞上。因為新聞的內容實質上或是直接間接和政治是否有關一點都不重要，國會議員的不倫醜聞也是這樣被報導出來的。

**第二是社群媒體的蠱惑和謊言。**臉書(Facebook)等等的社群媒體中，潛藏著許多發信者的煽動以及有意圖的謊言。2016年的美國總統大選，許多人都認為社群媒體上流竄的各種假新聞左右了選情的發展。尤其是在社群媒體中，只能接觸到和自己相近的人的意見。像臉書上的朋友圈無論是國籍、職業、關心的時事大多和自己是相似的。

另外，你的社交圈一旦以社群媒體為中心的話，許多人會有「持續多年的往來，雖然也一起工作，但是實際上卻是沒碰過面」的情況。**社群媒體的影響力在訊息的搜集和群體互動方面的力量相當大，自己漸漸地變成只聽取立場相近夥伴的意見，這種趨勢會日漸增加。大家也要留意這一點。**

**第三是政府的意圖和想法。**無需贅言，政府的政策想獲得人民的支持那是一定的。相對的，如果是失敗的政策或是有可能會遭到人民強烈反對的政策，政府也會想要隱瞞。

但這個問題並非只出現在政府或公家機關，連媒體也是如此。最近因為新聞採訪的規制稍微鬆綁，所以自由記者得以進入採訪。以前不屬於記者協會的記者是不能採訪的。而記者協會也會揣摩政府機構的意向來進行報導。

我曾經接受一家媒體的委託針對某一公家機關的醜聞進行採訪，當時我說：「即使公家機關不接受像我這樣外部的人去採訪，但是如果透過你們公司的記者協會的話應該多少可以採訪到相關人士吧」，結果對方回答：「絕對不能派和公家單位有良好關係的記者協會的人去採訪，而是要像我們這樣的社會版自由記者透過獨特的途徑去採訪」。因為記者協會的記者幾乎不會報導公家機關的負面消息。

根本問題③

## 無知中的無知——對自己的無知毫無察覺

蘇格拉底曾經說過一句名言：「無知之知」，意思是知道自己的無知。人類所知是有限度的，除了知道自己懂、或知道自己不懂的人之外，還有一種人是對自己的無知毫無察覺，也就是「一無所知」，像這樣的井底之蛙佔了大多數。

進入21世紀之後，科學和技術快速發展的同時，在媒體方面也面臨同樣的現狀，「我不知道現況已經發展到這個地步了」……像這樣讓記者追不上的情形今後只會越發增多。

例如美國CNN和英國BBC兩大媒體都正頻繁地播放關於非洲新經濟活動的特輯。奈及利亞最大的經濟城市拉哥斯（Lagos）目前正以IT產業為首進行一連串新的經濟活動，但是有人聽說過關於這個消息嗎？說不定一談到非洲，很多人想到的都還是內戰、貧窮、疾病等等印象，很難跟經濟商業活動連結到一起吧。

知

無知

一無所知

應該從這些方面去思考且經常保持謙虛

圖 4

人們知道的東西通常只是極少的一部分，如果只用那些你所知道有限的知識作為基礎去判斷就容易產生錯誤。經常審視自己是否犯了「無知中的無知」這個毛病、**經常持有「不懂就是不懂」的謙虛態度去追求知識和訊息，是這個時代中最重要的**（「一無所知」將在第2章中從廣泛的教養的角度另外討論）。

## 根本問題 ①

## 把日本大眾媒體的訊息接收降到一半以下

在根本問題①中我們談過，我們周遭充滿了以日本觀點、以日本為中心的訊息。對於生活中充斥著日本發送的訊息這件事，需要抱持著強烈的危機感。首先要做的就是在日常中把接收日本國內的電視、新聞、書刊的比例降到一半以下。實際上要怎麼做呢？

最理想的做法就是搜集已經被翻譯成所在地語言的外國媒體消息。因為所在地語言的媒體數量一定是呈現絕對優勢的。我在駐任中東的那段時間，當地阿拉伯語媒體新聞和英文媒體新聞都有，但是在中東的相關新聞方面，兩方訊息的質和量都有很大的差別。當時我們必須拼命地將阿拉伯語的新聞內容翻譯成日語然後回傳給外交部。但如果是言論自由和政治活動都受到限制的國家，媒體會受到政府的箝制，這個做法就行不通了。

但是現實中我們還是無法完全精通當地的語言，所以仍舊要依賴翻譯和口譯人員。這方面我推薦NHK衛星(BS1)播放的海外新聞。因為是同步口譯的新聞播送，所以內容不限定只有英語媒體，你還可以接觸到俄羅斯語、中文、西班牙語、法語、阿拉伯語等等的媒體消息。另外如有和CNN或BBC簽訂收視契約的話，就可以切換雙語，用日語收聽或收看新聞。至於報紙方面，許多外國媒體的日語版內容都可以在網路上看得到。就連雜誌「Newsweek日文版」也跳脫日本的角度來深入探討世界新聞，是非常出色的雜誌。

在書籍方面，當然盡可能地去閱讀外國人的原文作品是最理想的狀態，但如果語言能力不足的話，閱讀翻譯作品也沒有關係(能夠讓你在知識上更上一層樓的代表性媒體書籍將在第2章介紹，如何從英文媒體中搜集訊息則在本章後半段以及第6章中介紹)。

## 從全球的訊息中找尋蛛絲馬跡

根本問題③

美國作家威廉．吉布森（William Gibson）曾說過一句名言：「未來早已來到——只是尚未被意識到。（The future is already here —— it's just not evenly distributed.）」所以，即將改變這個世界的未來跡象其實已經展露在世上了。但是許多人不知道這些蛛絲馬跡的意義，完全忽略了它。這些跡象因而無法廣為人知，也無法被有效地運用。

例如現在最流行的VR（虛擬實境）和空拍機是人人都知道的新興商品，但是VR和空拍機這詞彙在2010年左右只有少部分的人知道，沒有人會認為它們會在未來造成這麼大的商機。但是當時卻有少數人嗅到這些產品的發展性。

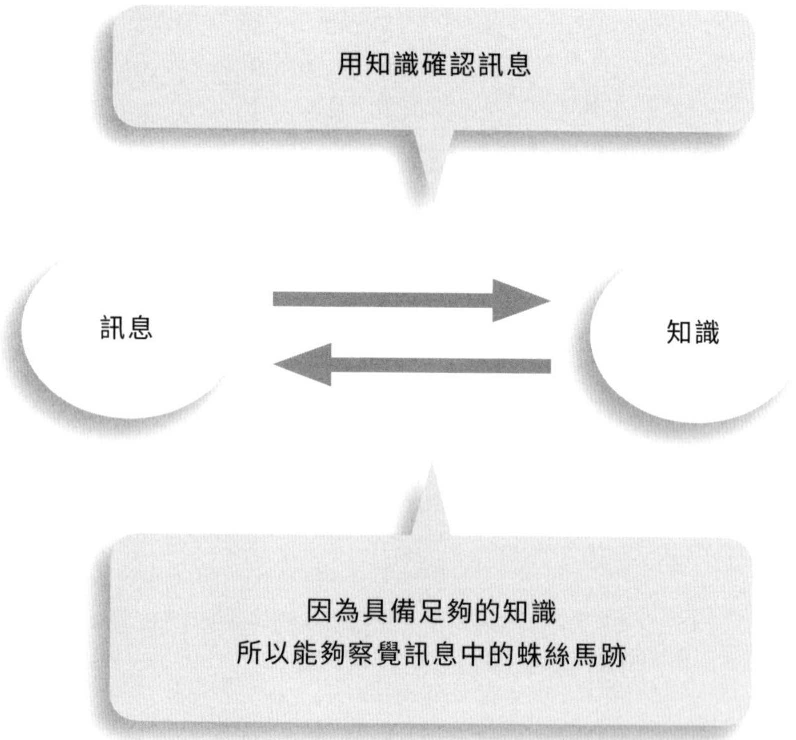

用知識確認訊息

訊息

知識

因為具備足夠的知識
所以能夠察覺訊息中的蛛絲馬跡

圖 5

「贏在起跑點上是現代決勝負的規則」（薩利姆．伊斯梅爾 Salim Ismail 著『奇點大學讓你一飛衝天』日經BP社）。**嶄新的時代已經來臨，對全球發生事件的訊息搜集成了決定企業勝敗以及企業人才是否能夠大放異彩的關鍵**。因此，不錯過任何蛛絲馬跡是相當重要的。為此大家必須養成幾個習慣。

第一，培養對任何事情都要**探究其背景、原因以及將來發展的洞察力**。所有的事情不要只看表面下判斷，在探究其背景和原因的同時，也要洞察將來可能發生的情況。

舉例來說，在探討退休後高齡孤獨男性增加的原因（例如：過於投入工作忽略了家庭和人際互動、沒有趣味相投的朋友）時，也要同時思考未來可能的發展（例如：因為孤獨而罹患身心症導致社會成本增加、相對地有可能發展針對高齡孤獨男性所衍生的各項商機）。

第二，不要把眼前的東西視為理所當然，先排除先入為主的想法，憑直覺去推論「好像哪裡不一樣？」、「為什麼呢？」。

第三，要取得和事情相關的先備知識。如果不具有先備知識，那麼可能無法察覺訊息的含意。**有了知識才能察覺訊息中的徵兆，察覺到訊息中的徵兆再運用知識進行確認。訊息和知識就像車子的輪胎，能相互帶來加乘的效果。**

## 重視全球商業訊息

根本問題 ①

日本國內媒體對於外國的報導無論怎麼看大多都是偏向政治、經濟成長和失業率這些整體經濟動向上，對於個別的商業的具體報導並不多。舉例來說，雖然會報導關於美國總統的一舉一動，但是對於以美國西部矽谷工業園區為首的新創公司的革新經營相關報導卻很少見。那是因為政治和經濟整體動向的新聞比較容易理解。選舉和政治的醜聞、股票暴跌等新聞也很容易理解，所以較受到大家注目。

對於IoT(物聯網Internet of Things)和AI等等最新的產業技術的動向，如果不具有先備知識的話，根本連這些技術的先進之處都搞不清楚。事實上就有一位資深記者曾經指出「日本報導偏向於傳統大型產業，對於IT和AI等新領域的報導採訪能力不足」。要克服目前這個現況，就必須關注商業雜誌和新聞網中所提到的海外企業動向以及新產業新技術的發展，並開始有目的性地搜集相關訊息。

目前日本國內有 NewsPicks[1]等等網站專門刊登最新的經濟訊息。以全球化的觀點來看，日本國內對全球經濟訊息普遍不足。所以，**要調整訊息的閱讀和搜集習慣，將經濟新聞和政治新聞的比重調整為 2:1 比較好。**

## 根本問題 ⑬ 養成接收中東、非洲、中南美洲訊息的習慣

你一定要避免自己對某些特定國家和地區的訊息完全被遮蔽，這一點相當重要。因為，那些你不願碰觸的國家或地區的事情也會影響到其他國家和區域。

1 NewsPicks：一個商業新聞的社群平台。彙整了日本各式商業新聞，是 APP 新聞類排行榜第一名的日本新媒體。

日本媒體對於國外的報導最常出現的是美國、中國、韓國，其次是歐洲。相對於其他亞洲的報導來說，關於中東、非洲、中南美洲的報導非常地少。歐洲除了英國、法國、德國和俄羅斯這些主要的大國以外，其他國家的相關報導也很少。

全球的媒體上經常大幅報導關於中東、非洲、中南美洲的新聞，但是在日本這些消息經常只佔了小小的篇幅。在現今全球每個國家隨時都有商業交易的時代，如果誤以為美國和亞洲、歐洲的新聞就是所謂的全球訊息，日本的商業發展一定會受到很大的箝制。

我曾經跟一位想要拓展海外市場的經營者談到以上的話題，得到的回答很多都是「對中東和非洲幾乎不了解」、「中南美洲太遠了實在不太了解現狀」，這就是因為訊息來源太偏頗狹隘的關係。只要**養成多多留意中東、非洲和中南美洲的消息，無論多小都不要放過**，就可以拉大你和競爭對手間的距離，將他們遠遠拋在後面。

## 根本問題①

# 直接接收英語媒體訊息

前面也提過要多充實自己日文版的海外新聞，但是如果要提高自己的全球競爭力，最重要的還是直接使用以英文為主的外語接收第一手訊息。為什麼呢？

第一，就算你能收看同步口譯的外國新聞，但是你所看到的新聞在播出之前就已經被媒體篩選過濾了。

第二，海外新聞經過翻譯成日語後，較難傳達出原文中的表情語氣。像日本國內的慰安婦一詞，海外的英文媒體翻成comfort woman（軍妓）或是sex slave（性奴隸）。這種狀況雖說是由報導的人從他的角度和對事實的認知所用的字眼，但是如果在接收訊息的時候忽略了當中的語言涵意，就沒有辦法真正了解這個世界。

我問過許多國內外的專業人士和企業人「如果想要了解全世界的潮流，你認為哪一本雜誌最適合?」。在所有的回答當中，最多人推薦的是英國的「經濟學人雜誌(The Economist)」(順帶一提，和日本每日新聞所出版的「經濟學人週刊」無論內容和出版社都是完全不同的)。

英國的經濟學人雜誌被評選為全球品質最佳雜誌。雜誌中一開始就是本週的全球政治、經濟、企業摘要。接下來是特輯、以及針對各地區的主要新聞、金融等進行報導。其中的論述除了重視全球化與市場理論之外，對經濟差距日漸擴大也提出了許多的看法和文章。雜誌首頁上的The World This Week，將全球這一週內發生的時事分為政治和經濟兩大區塊，濃縮整理後刊載出來。只要閱讀了這個就大致上能夠抓住全球的重點了。裡面刊載了許多我認為「日本媒體應該不太會採用的文章」(關於英文媒體的具體閱讀方法另外在第6章中闡述)。

## 國家有多樣面貌——不要把政府機關和人民混為一談

根本問題①

我們在閱讀理解一份新資訊時經常失敗的原因是我們會將政府、人民和企業混為一談。舉例來說，「中國是一個不能信任的獨裁國家」雖然經常聽到這樣的言論，但是那終究是因為中國是一個非民主的國家，並不表示中國人民和中國企業就不值得被信賴。

對比日本政府介入企業的頻率和質量，共產黨政府對企業的插手明顯是有很大的問題。尤其是到了習近平掌權時代這傾向可以說是越發明顯。因為是非民主國家，所以也會有獨裁者擅自制定章程的情形。

另一方面，中國是一個政府和人民的距離很遙遠的國家。「上有政策，下有對策」，越是如此，人民就越是想要鑽漏洞，找尋自己的生機。於是出現中國許多的資金流向歐美，許多的中國人移民到國外等等情況，諸如此類由於人民對政府沒有信任感而做出一連串反應和動作的情況不勝枚舉。

在日本，國家和政府、企業、人民之間也有相互的關係存在，彼此之間的關係都是不同的，所以大家對於國家呈現多樣化面貌的理解相當重要。我想和大家分享一個小故事。

2010年10月中日關係因為發生釣魚台問題而變得相當緊張，稻盛和夫先生當時擔任盛和書院的院長，率領一群學生訪問中國青島。當時因為釣魚台的衝突事件，中國發生好幾起對日本的抗議示威遊行，因此日本的許多政府部門以及企業相關人士都紛紛中止或延期對中國的訪問行程。我也認為在這樣緊張的時刻應該把訪中的行程取消吧？但是由於並沒有聽到中國方面要求中止或延期訪問的要求，所以訪問如期進行，我也參與了該次視察。

在盛和書院訪問青島期間，受到青島市政府相當熱烈的歡迎和接待。當時坐在我旁邊的市政府員工對我說：「哎！雖然上層有種種狀況，但是我們還是想盡可能地擴展日本和中國的經濟關係」。很明顯的雖然發生了釣魚台事件，但還是企圖要擴展中日間的經濟關係。在青島市政府舉辦的座談會的最後，出現了「經濟無國界」的文字。那一瞬間我真實地感受到，一個國家和地方政府、以及各種企業間都是個別存在的個體。

順道一提，在我們的歡迎會上，所有接待我們的青島市政府員工都會日語，我對這一點非常驚訝。有人會覺得如果想要吸引日本來中國進行投資，這一點也是應該要做到的吧。

話是這樣說沒錯，但是這讓我不得不聯想到，日本的市政府在大力招攬中國企業投資的時候，那些負責接待的工作人員有多少是會說中文的呢？

從這個例子就可以理解到，連中國的政府機關（青島市政府當然是政府公家機關）也都並非堅如磐石，如果是企業人士的話立場就更是大不相同了。中國企業和日本不同，他們並不排斥共產黨過多的介入。但是，**國家並非鐵板一塊。對企業來說，如果草率地認為「某某國家就是○○樣子」，這樣的想法其實非常危險。養成習慣從多重角度去認識看待一件事物是非常重要的。**

## 活用3種訊息管道——公眾媒體、社群媒體、人與現場

根本問題 ②③

**將潛藏在訊息中的意圖和謊言盡快揪出來的方法之一就是要養成習慣，經常將許多不同的媒體以及人、現場中得到的訊息進行相互對比參照。**訊息的來源，分為大眾媒體、社

群媒體、以及來自於現場、人的直接訊息，好好地平衡整理搜集這些來自不同管道的訊息是非常重要的。

當你覺得大眾媒體的消息怪怪的時候，可以閱讀社群網站中離現場較近的民眾的投稿。如果還是覺得可疑，就直接去詢問當事人或是了解事實的人，甚至自己到現場去。以一般的流程來說，會事先以大眾媒體的消息為主，接著利用社群網路進行驗證甚至是進行人物和現場的深度查訪。

相反的也有人是先從社群網站和人物及現場那裡得到最新的消息，社群網站能夠比大眾媒體先一步得到現場的訊息，以訊息面來說也比較能夠廣泛地搜集。但是，在接收這些訊息的同時你可能也會受到投稿人的立場、意圖以及對事實的認知想法所左右，這一點一定要相當小心。

大家也有可能會從人或現場那裡得到最真實的第一手資料，而這和社群網路一樣，可能會受到當事者本人的立場和意圖等等所影響（的確人的表情等等會讓你信以為真吧）。而且，原本就不可能到所有的事件現場去。所以應該要擷取大眾媒體、社群媒體，以及直接來自於現場、人等3種訊息管道的優點，靈活運用相互驗證。

尤其大眾媒體因為公司立場各有不同，一定要養成習慣多看一些不同的報導。大家也

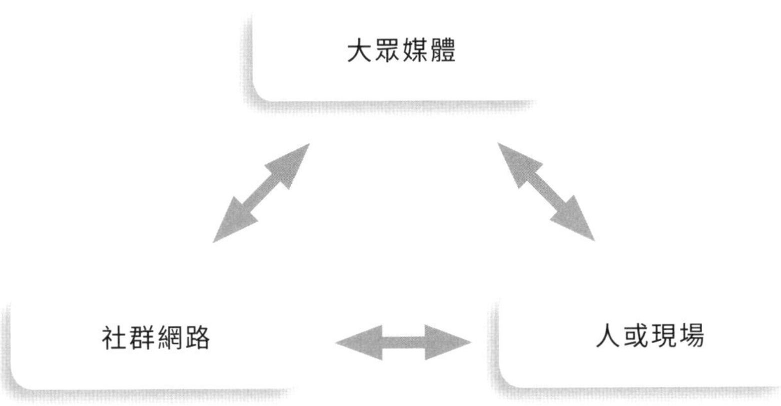


靈活運用各自優點相互驗證

圖 6

都知道，即使是日本國內的報社，彼此和政府間的關係距離也大不相同。即便是和政府走得較近的報社，也有可能因為換老闆而改變報導方針。另外，國外大眾媒體對新聞的處理方式和日本不同，所以大家在閱讀收看的時候要細細斟酌。閱讀各種不同媒體並相互參照比較是非常重要的事。如果遇到自己關心有興趣的話題，不須透過大眾媒體，直接在YouTube上看記者會等等也不錯吧。

## 不要囫圇吞棗，要養成查證對立訊息的習慣

根本問題
②③

由於本身基礎知識不足所以導致對海外消息理解不夠的情形很多。在這種狀況下，**對訊息不要囫圇吞棗，要經常抱持著「真的是這樣嗎？」、「為什麼呢？」的疑惑看待訊息才能累積事實。**

為許多海外市場調查進行分析的證券分析師衫山修司曾指出「關於外國消息的錯誤報導也很多，所以必須仔細地篩選」。對於訊息要有批判能力，經常問自己「這是真的嗎？」、「符合邏輯嗎？」、「有沒有其他不同看法的報導？」、「自己手中的訊息可能並不充分？」、「說不定這消息是錯誤的」。

無論是外交界或是商業界，一個專業的報導一定要對錯綜複雜的消息來源進行批判和分析。尤其要注意的是，人們總是對自己說的消息表現出非常了解的樣子。**所以要養成習慣，除了出自原出處以及公認的專業書籍之外，對於其他管道的消息都要多搜尋對立的看法來參照對比。**

這種習慣的養成不單單用在出自於一般人的消息，也適用在媒體夥伴上。如果出現許多不同意見時，大家可以針對事件原因和預設的發展進行討論。如果是在商業現場，大家在一定的立場上進行討論就會有很好的效果。所以**對於各式各樣錯綜複雜的海外資訊，單一見解不見得正確，找出不同看法進行討論反而是最適當的。**

## 多看立場不同的人在社群上的發言

根本問題 ③

在社群網路媒體這一部分，比較可能接收到的訊息大多是和自己立場相近的。所以從另一個角度來說，如果能夠知道立場和自己不同的族群在想些什麼，訊息內容是哪些的話，自己對訊息的了解範圍又會更擴大。

我臉書上的好友從日本會議[1]到共產黨各式各樣政治立場的人士都有。在看過大家的留言後，會有一種「世界多元」的感覺。

在社群網路中有針對實業家、專業者使用的 Linkedin 社群平台。在這裡你可以加入自己有興趣的團體一起討論，是一個能夠接觸到不同的訊息的社群網站（關於 Linkedin 會在第4章中討論）。

## 有效利用 YouTube

根本問題 ①②③

在這個變動急遽的時代，YouTube 等動畫影音網站的出現對資訊的搜集有相當大的影響力。原因有以下2點。

第一，因為社群網站和影音網站的快速發展，**全球優質的第一手影音訊息得以增加**。以前，影片攝影和傳送都是屬於專業領域，但是影音網站的出現，讓個人隨時可以上傳「遊行」、「意外事故」等等最新訊息。

事實上突尼西亞在發生「阿拉伯之春[2]」事件時，就曾流出當地年輕人以自爆式方式向

1　日本會議：日本保守團體。

2　阿拉伯之春：又稱「阿拉伯起義」，是指從2010年年底在北非和西亞的阿拉伯國家和其它地區的一些國家發生的一系列以「民主」和「經濟」等為議題的社會運動。

警察抗議的畫面。目前正在發生的事件影片，只要不是有意圖的特殊加工和編輯的話，都有收集的價值。

第二，**想要了解最先端的商務和技術甚至是科學範疇的話，只靠文字描述的不足之處很多。**像是自動無人駕駛，如果只閱讀文字就很難理解，必須實際上看過影片才能知道。

想要知道全球新創企業的相關商業活動時，請先去找 YouTube，然後再進入網頁就可以有充分的了解。

## 重視來自人與現場的訊息

根本問題

①②③

我一再強調來自人和現場訊息的重要性並非言過其實。自己直接接觸所得到的第一手訊息一定比透過媒體以不同角度的報導來得多也更值得信賴。無法和有確切情報的人適時地見面雖然未必有礙，但是如果可以做到的話，你不但擁有媒體未報導的訊息，還能確認事實的真相。

稻盛和夫先生所帶領的盛和書院以及三木谷浩史先生創立的新經濟聯盟等等，當家經營者的資訊搜集方法很多都是透過人和現場所得到的。這裡所謂的「人」，來自國內外的客戶、商業夥伴、還有不同業種的經營者朋友們。

「百聞不如一見」。我到目前為止已經訪問超過90個國家，一到當地我一定先到現場（指商務或生活中的實地場合）進行徹底的視察。現場的活力、熱情和氣氛等等非語言的要素也是重要的訊息。在日本國內也可以這樣做，尤其是在國外的時候「看、體驗、感覺」是非常重要的訊息來源。

例如，我去中國製造業的工廠時，就經常看到他們的員工俐落而熟練的身影。牆壁上也公布每個工作人員的達成進度和錯誤，看到這樣的工作態度和職場環境以及氣氛，就能實際感受並了解為什麼中國會成為「世界的工廠」。

單靠書籍閱讀以及從網路上獲得的資訊，和自己實際走一趟所看到的大不相同。最理想的就是訪問當地的居民。**正因為我們身處在資訊爆炸的時代，到現場親自實際感受更是重要。**這個「實際的感受」對於你是否能具備全球競爭力有相當大的影響。

## 從一般人身上搜集訊息

根本問題

①②③

我去到國外，都會嘗試著跟當地的計程車司機或餐廳的員工聊聊天。**從計程車司機的談話中，可以輕鬆地了解到更多更深入的訊息。從一般民眾的角度來看事情，是現場搜集訊息的最佳管道。**計程車司機在新興國家中可以算是中產階級代表，所以他們的生活感受等同於一般中產階級。我每到新興國家只要有時間，都會和計程車司機談好包車3小時左右，雖說講價也是一種學習，但這種時候就不要太小氣，多付一點，會讓司機有較愉快的心情。

首先就要打好關係，例如在緬甸，我會和司機聊天，稱讚對方的國家，像是「我是第一次來緬甸，聽說仰光街道相當漂亮，最近發展得很快。因為我停留時間不長所以很想到處看看」、「我叫TOSHI，司機大哥怎麼稱呼？」因為要一起相處3小時，尊重對方可以保持良好的互動關係（緬甸的街道垃圾很少，真的是很美的國家，虔誠的佛教徒很多，所以喜歡乾淨）。

像這樣切入話題之後，就可以慢慢地展開交談。「司機大哥的老家在哪裡？」、「啊，是曼德勒啊，聽說那裡以前是首都，而且是佛教文化的中心呢！有機會一定要去看看」等等。如果對方正好是當地人那就可以搭腔，所以可以先記住你要去的國家的首都和幾個大城市的名字和特徵（順道一提，曼德勒是人口僅次於仰光的第二大城市，在接受英國殖民之前是首都）。

另外像是問問對方「一天的營業額大概有多少？」，這樣就可以大約知道一個月的收入。還有「有幾個孩子？讀哪個學校？」這類的問題能了解對方對教育的看法。以前我在印度的班加羅爾也問過司機這個問題，對方回說「在國際學校學英文，希望他將來能去Infosys（印度知名IT企業）上班」。

班加羅爾是Wipro和Infosys印度IT企業的大據點，到處都是高樓大廈。進入大型IT企業上班是許多印度年輕人的夢想，所以有些收入不高的家庭卻供應孩子去就讀昂貴的國際學校，像這樣和司機的聊天中得到的就是第一手當地資訊。

至於到餐廳去的時候也可以和員工聊一聊，例如：

●這個地區流行什麼？
●哪一些菜色比較受歡迎？
●假日人們都做些什麼活動？
●價格是否上漲了？

許多訊息的來源多是來自於政府機關、大型企業、專業人士、大型媒體。但是這些訊息內容可能較偏向「中高階層」。其實來自一般民眾的資訊也是很可貴的。因為民眾的狀態最終也將會牽動到政治和經濟。**海外資訊最重要的就是大多數的人在想些什麼？過著什麼樣的生活？**養成搜集一般民眾訊息的習慣，對企業一定有幫助。

**專欄**

## 支持在非洲進行社會革新的領導者

我在神戶情報大學擔任非專任職講師，大學的所在位置，從神戶市中心的三宮車站往山的方向走大約10分鐘的路程。大學有全英文的課程，課堂裡有來自非洲、中東、亞洲的留學生。尤其是非洲學生最多。雖說是留學生但其實全部都是社會人，他們來上課的目的是希望回國後可以創業。

我指導的是領導力的開發練習和每週的研究座談。討論的內容是學生們以各自的研究以及針對社會革新的方法進行討論。這些留學生對於**想要改變母國貧困紛爭的熱情與慾望，真的比日本人要強多了。**在跟他們接觸以後我受到很大的刺激，對各國的現狀也有了更詳細的了解。

神戶情報大學提供計劃，在JICA（國際協力機構）、神戶市以及盧安達ICT（信息和通訊技術）工商會議中心等機構的協助和支援下，培訓盧安達吉佳利市的IT專業人員。我本身也是提供企劃協助並培養當地革新促進會的負責人，並在當地針對社會革新舉行座談。

一談到盧安達，就會想到電影「盧安達飯店」中發生在1994年的屠殺事件。但是，在那之後他們將心力投入於IT產業上而成了發展中國家。現在國內不但相當乾淨治安也很好，晚上一個人走在街上完全沒問題。像這樣過去曾發生悲劇但是卻想努力向上發展的國家，能夠貢獻我的微薄之力是一件相當有價值的事。對於非洲領導人的培育重點有以下幾項。

**第一、領導人對自身能力的開發要有認知。**相較於歐美和亞洲來說，非洲的領導人對自身能力的開發關注較少。很多人都習慣了單打獨鬥的方式，靠自己完成工作。突破這一點是企業發展不可或缺的。

**第二、領導人要有倫理價值觀念。**貪瀆是非洲發展上最大的阻礙。政治家、公務員、企業家等等社會上的菁英都免不了有貪瀆的情形。**反貪污可以說是領袖開發中很重要的一環，如果能夠改善，社會將會有很大的變化。**事實上許多非洲人也都期待有一個「具倫理價值觀的領袖」。這也是我在領袖培育上要努力的領域。

**第三、對未來有信心有夢想。**非洲至今仍有許多國家的政情不穩紛爭不斷。像是處於內戰狀態的南蘇丹以及位於中非持續反體制運動的衣索比亞。

另一方面，非洲有許多新的發展正在急速增加中，例如金融科技方面，肯亞由於規範較少，所以有可能發展手機支付，在金流服務等方面的進展很大。在無人機方面也急速地發展中。

對非洲來說「描繪未來的夢想藍圖」是相當重要的。對未來具有信心、繪製未來的夢想。到神戶的留學生中已經有人畢業開始創業，對於他們在非洲的打拼以及非洲未來的發展，我希望能一直支持下去。

# 第二個習慣

# 改變「吸收知識」的方式

這是一個注重新知的時代，除了既往的知識，是否持續學習是相當重要的。原因不僅僅是因為社會急遽變化的需求，而是日本企業人在能力開發上實在無法達到全球標準，甚至還有瞧不起學習的傾向。在這個萬象事物都有著千絲萬縷關係的現代社會，只具備一項專業能力是非常危險的。近幾年各界也呼籲企業人提升各方面教養的能力，才能成為國際化人才。

**21世紀是要求知識水平的提升和文化素養的時代。**接下來讓我們一起來看看全新有效學習累積知識的習慣吧。

根本問題①

**進入社會後就停止學習，日本企業人的能力開發水平全世界最低**

世界

出了社會依舊繼續學習

日本

出了社會就停止學習

圖 7

許多人從一流大學畢業之後就進入最好的企業或公家機關工作，問到他們是否挪出時間投資自己進修的，所得到的答案都是整天埋在工作堆裡沒有時間。原因不外乎就是長年的經濟成長低而導致人員裁減、管理階層過於忙碌，以致於完全沒有多餘的時間。不但缺少自主性的學習，對於進修也很被動，但卻有時間泡在居酒屋裡說上司的壞話……。很遺憾像這樣的上班族和公務員並不少。

日本的上班族不勤於學習的現狀也清楚地呈現在數據中。依據推測大學的新生中25歲以上、有社會經驗的比例只有2％而已。比起OECD各國的平均20％來看，真的是遠遠趕不上（教育部以及OECD資料）。從這個數值可以知道日本人大學畢業之後再返回校園念書的人數非常少。

另外，企業進修也是一樣，在美國的大企業中平均花在每個員工進修費用大約是一千美元，相對的，依據產業勞動研究中心的調查指出，日本大約每人只有4萬日幣。如此**以全球水平來看，日本在人才能力的投資開發上嚴重落後。大家對這個事實應該要有認知**。

曾因瀆職遭判有罪服刑的前大王造紙董事長井川意高曾經說過：「我所擁有的知識，大概在就讀東大的時候是巔峰時期吧。進入職場之後，因為時間不夠，所學的東西就只有出沒有進了」（堀江貴文／井川意高『從東大到監獄』幻冬舍）。

因為這樣的反省和認知，他在獄中大量地閱讀。在日本，大部分的人還是覺得「學習是學生才會做的事」。

**其實重要的不是過去的學歷，而是現在是否仍然繼續學習讓自己不斷累積新的知識。**

在各項產業升級的同時知識也必須同步升級。

### 根本問題②

## 對「網路時代知識更加重要」的認知薄弱

我經常聽到有人表示，網路上什麼資訊都有所以知識不是那麼重要。這種想法不只發生在日本，全球普遍都一樣。如果這裡的知識指的是死背而並不了解其意義的話，我是贊成這種看法的。但如果是指完全不需要知識的話，我是反對的。

舉個例子，當我們談到伊斯蘭教義派所發起的恐怖攻擊行動時，因為完全不懂和伊斯蘭教相關的知識所以無從討論起……這樣說大家就明白了吧。網路可以讓我們在短時間內找到自己需要的訊息，但卻無法提供完全正確且深入的知識。基本教義派的伊斯蘭教徒中，激進分子只是極少數人。如果不了解這一點恐怕對他們會有相當大的偏見。

這裡所說的知識，並非是短期且頻繁更新的訊息，而是長期恆久存在的東西。原本訊息和知識之間就沒有絕對明顯的區別，需要注意的是它們之間相對的點。比如說，來自報紙、電視和社群網站的歸類為訊息，來自好的書籍、以及觀點格局較大的實務家和專家的見聞叫做知識。新聞如果是以長期的觀點來探討一個主題那也稱為知識。相對的，書籍當中也有些僅具有短暫價值的內容。

**由於網路可以讓我們獲得很多的訊息和知識，所以這是一個被稱為數位革命的時代，也因此知識就顯得更加重要。**我將原因整理敘述如下。

**第一，在各式各樣錯綜複雜的訊息中，如果沒有足夠的知識作為核心概念，會很容易下錯誤的判斷。**這一點在第1章中已經提過。

以人類目前面臨最嚴重的能源問題為例。雖說核能發電至今仍是看法兩極，但是對於利用太陽能等再生能源方式也有不同看法，有的人希望能有蓄電功能以便穩定供給電量，有人認為成本太高恐怕供電量不穩定等等。

對於這方面，你必須要具備能源問題的知識背景並知道能源對於經濟可能產生的影響。以這些知識為基礎然後再加上不可或缺的洞察力才有辦法進行判斷。

**第二，在事事講求速度的現在，追求知識要以具備瞬間反應能力為前提。**尤其是在商務現場可能會需要馬上做一些假設討論。比方說如果對 IoT（物聯網）所知有限的話，就無法和客戶針對相關的商業模式進行假設性的討論，甚至可能連話都搭不上。

## 根本問題③

## 學習領域受限，缺乏多元教養

許多商業人士對於和自己專業相關的領域會努力累積經驗並具有一定的知識。但一旦脫離自己的專業範圍就所知有限了吧。在瞬息萬變的現在，連搜索引擎 Google 都跨足無人駕駛車的領域了，現今社會上的各種現象之間的關連度逐漸提高。可以說是知識無國界的時代。所以要盡可能地積極收集各領域的知識。

還有，在革新方面也需要足夠的先備知識才能和各個不同領域的夥伴一起撞擊出新的產品和火花。**日本企業之所以很難創新，除了不喜冒險的組織文化之外，最重要的因素就是太過拘泥於不同領域的知識和經驗。**所以廣納智慧百川吸收多元化教養是相當重要的。

何謂教養？我認為所謂教養指的是對於社會科學、自然科學、人文、藝術各方面都能有涉略見解。

社會科學說的是政治經濟、商業之外還包含世界各國的現況。是人們進行社交活動的主要領域。而自然科學就是物理、化學、生物、醫學、工學、天文學等等所謂的理科領域，是一個重視科學實證和客觀性的領域。另外像是人文、藝術，雖說包含了文學、哲學、歷史、宗教、藝術等等，但是這些總有無法用邏輯評論的一面。**尤其我認為如果對社會科學和自然科學想要有真實的認知，那麼身為其基礎的人文和藝術更是不可缺少的領域。**

近年多家出版社都有出許多關於教養的書籍。但以「國際化教養」的需求來看，日本的企業人士在這一方面的教養實在有不少弱點。

第一、通識課程在日本的大學教育中並不受重視。當然也有重視這些基礎文化教育的大學，但是社會上普遍對文化教育的認知程度不足，甚至連大學本身或老師、學生也以輕忽的態度看待這些學科。以致於很難讓學生了解基礎文化教養的重要性。

第二、只有極少數的企業人會積極地去修習這些身為文化教育核心的哲學、藝術、宗教等領域。因為這些企業人士的學歷背景大多都是經濟學院、商學院、工學院、法學院等等和商業直接相關的科系，所以在哲學宗教、藝術等領域較涉略不足。

英國牛津大學有一門相當有名的PPE（哲學、政治學、經濟學）招牌課程，每年都吸引全球大批最優秀的學生選讀。**他們將哲學和政治學與經濟學並重**，這些學習哲學的畢業生們，無論在經濟界、政界或公家體系中都非常地活躍。

第三、**日本人多半用日語閱讀各項訊息進行討論，在基礎教育中透過外語用不同角度思考的意識很薄弱。**

我在神戶情報大學和非洲的學生們一起討論時最大的感受就是，他（她）們由於自己母國語言的書籍很少，所以即便不是英語系國家的人也把學習英語、用英語交談視為是很自然的事。例如像坦尚尼亞使用的斯瓦希里語，在東非就是一種非常廣泛被使用的語言。即使如此斯瓦希里語的書籍實在太少，所以大多數的人都還是從英文書籍獲得專業知識。還有像許多國家相連的歐洲，很多人同時會多種國家的語言是很平常的事。

另外，對英語系國家的本土人士來說，不會說外國語言的人也很多，這也意味著他們透過外語用不同角度思考的意識薄弱。在這一點上，除了母語之外還精通英語的日本人無疑是勝券在握。

但是我想傳達的並非只要養成基礎文化教育就夠了。著名的物理學家愛因斯坦曾說過：「重要的是不要停止疑問，好奇心有其存在的理由」。

「邏輯的思考力和質問力」以及「好奇心」是基礎教養的必要條件。甚至「人格、倫理價值觀」也是基礎教養的前提。談到「人格、倫理價值觀」是因為，即便你有再好的教育和涵養，但如果用在欺騙別人、危害社會的話是絕對不行的。「人格、倫理價值觀」通常被歸類在人文、藝術的領域當中，所以我才會一再強調包含哲學在內的人文、藝術的重要性。

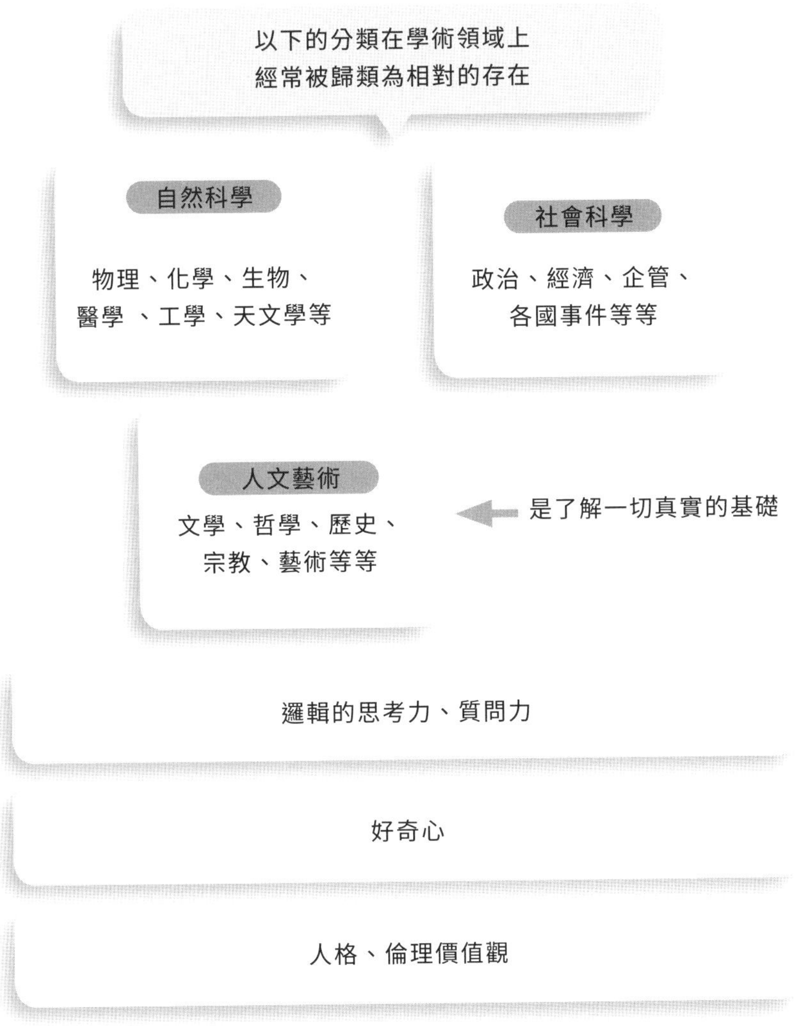

以下的分類在學術領域上
經常被歸類為相對的存在

自然科學

物理、化學、生物、
醫學 、工學、天文學等

社會科學

政治、經濟、企管、
各國事件等等

人文藝術

文學、哲學、歷史、
宗教、藝術等等

是了解一切真實的基礎

邏輯的思考力、質問力

好奇心

人格、倫理價值觀

圖 8

## 抱持對宇宙萬物的好奇心持續學習

根本問題
①②③

「這個領域和自己無關」、「沒有必要針對這個題目去討論」──盡可能不要讓自己有這樣的想法。在需要多元教養的現代，保持對宇宙萬物的關心是非常重要的。**雖說要保持對宇宙萬物的關心，但不用想得太深奧。**只要對日常生活中所見所聞持有好奇和疑問，進而深入了解的程度就可以了。

如果不是自己擅長的領域，閱讀方面的確難以理解。這時我建議你參加一些研討會或是講座。專業人士針對一般民眾所舉辦的研討會或講座不會太難，可以提高你的好奇心。

另外，重要的是經常與人對話、到街上散散步、到處旅行、對於所見所聞都抱持著關心的態度。把自己帶到一個不熟悉的領域去，**把自己在那裡的所見所聞作為基礎，進而慢慢拓展到其他周圍的領域，這是很重要的習慣。**比方說對基因組合這方面不太熟，那就請教朋友，然後閱讀一些生化學的入門書刊。還有，到許多不同國家去，並查閱一些和當地相關的資料以加深見聞也是非常重要的。

如果你是「再怎麼做都激不起好奇心」的人，那麼就和有好奇心的人交往吧。據說藝術家為了要維持並擴展自己的好奇心，會將一群有好奇心的人召集一起聚會。對宇宙萬物的好奇，正是學習的出發點。

## 閱讀那些被視為異類的書籍

根本問題

①②③

用閱讀獲取知識的基本方法在未來也不會有太大的變化。不論是哪個領域，有一定成就的人絕不會覺得讀書不重要。那麼要如何透過書籍鍛鍊自己成為國際化人才呢？

**第一、閱讀的書籍要多樣化。**我除了領袖開發、世界經濟商業情勢、國際政治、先端技術等和自己專業領域相關的書籍之外，也會看一些歷史、哲學、宗教、文學、藝能等多元文化的書籍。我還喜歡看一些相聲或藝人寫的關於表演方面的書。專心一志的研究一定能有所得。我建議大家可以半強迫自己到圖書館去借一些平時不會閱讀的書刊。

**第二、書籍作者的國籍要多樣化。**將日本人寫的書比重降到一半以下，盡可能多看外國作者的作品。

**第三、要多看那些被視為異類的書刊，以及和自己不同立場作者的作品，**讓自己角度更多元。大眾媒體等等多是以一般的角度來看待報導事件，因此內容很難跳脫框架。

但是社會上有一些勇於挑戰既存勢力，且被視為異議份子非主流的人，他們的觀點也很重要。偶爾也有必要聽聽那些異類的想法。

比方前英國外交官，現任NGO，致力於解決國際紛爭的卡恩羅斯(Carne Ross)，在他的著作「獨立外交官」(英治出版社)中就曾提出警告，國際社會中仍舊將國家組織的比重看得太重，以致於無視少數人的意見。被認為是國際政治的「教科書」，是可以從別的管道和觀點來獲得的。

## 策略性地觀賞外國電影和連續劇

根本問題
②③

我經常看國外的連續劇，至於電影一年也大約看 100 部左右。電影是認識世界最適合的教材。尤其日本人對好萊塢電影相當熟悉，我自己對於奧斯卡金像獎的得獎影片和人氣影片、以及對社會和時代具有洞察力的影片都會盡可能地觀看。

對於電影我想要強調的是，**要盡量觀賞日本和美國以外國家的影片**。因為電影中可以呈現許多在書刊中無法了解的現狀。像我在搭飛機時就經常觀看印度電影。

印度是電影大國，製作出了許多值得觀賞的寶萊塢大片。在電影裡面可以看到一個多民族的國家由於語言和文化的不同導致男女的婚姻問題。那並非只是關東和關西、或是北海道和九州的差異而已，即便當事人能夠用英語和印度話交談，但和老家的父母卻是完全無法溝通的。由於言語不通因此造成婆媳紛爭的場面經常可以在電影中看到。

另外海外也有許多優秀的連續劇作品。最近透過CS放送和 Hulu 互聯網站等管道就可以收看網路連續劇。我特別想要推薦的是土耳其製作的連續劇「鄂圖曼帝國外傳」。

劇中描述鄂圖曼帝國的全盛時期蘇萊曼大帝（16世紀初）的後宮生活以及對外的侵略活動。這部大作在全球80幾個國家播出，在全世界的連續劇史上留下超人氣的紀錄。當時鄂圖曼帝國的首都伊斯坦堡聚集了來自全世界不同人種、宗教、語言的人才（也有被強制帶去的），甚至擔任高官的也不少。**國際化人才是目前重要的課題，但是令人吃驚的是在500年前的鄂圖曼帝國竟然已經領先做到了。**

海外連續劇是接續性的，比起2個小時的電影，透過劇中的角色，我們能夠更加深入地了解該國的文化、歷史、人們的想法。而日本的大河劇，只會重複地拍攝日本本能寺之變和關之原合戰等等題材。所以為了提高自己的視野，有意圖和策略性地觀賞海外連續劇可以得到很不錯的效果。

## 學習 STEM 的習慣

根本問題
①②③

全球目前都很重視 STEM 教育（科學（Science）、技術（Technology）、工程（Engineering）及數學（Math））。STEM 教育的重點在整合四大領域的專業知識，消除不同學科之間的隔閡，並將課程與真實生活中的情境做結合。科學知識和技術的變化即便再急遽，最先端的應變解決能力和邏輯也要能迎頭趕上才行。

**不論是誰都需要學習 STEM，不然很快就會被社會淘汰。**「這和自己的產業沒有關係」、「我讀的是文科」等等這些藉口將不再適用於企業人。那麼要如何培養學習這些知識呢？

第一、安排每週或每月固定能收到和 STEM 相關的知識。例如像是「國家地理雜誌（National Geographic）」就是非常好的刊物，也有電視頻道。還有「牛頓」、「日經科學」都是國內很優秀的雜誌。另外我也推薦 NHK 的E電視科學節目。還有可以多閱讀針對一般大眾所寫的各領域入門書籍。

第二、**實際去操作體驗很重要。**即便先端科技再怎麼重要，實際接觸的人並不多。例如像智慧型功能手環，真正會去買來用的人有多少？所以首先要自己買來試試看。

第三、積極地訪問企業和工廠。利用訪問的機會可以接觸到企業的技術和產品。

另外我也推薦企業博物館。日本算是世界中企業博物館很多的國家。不但有許多歷史悠久的企業，對企業的沿革和發展也相當重視。全世界中也有一些大企業有企業博物館，我個人會將想要拜訪的企業博物館列一張清單，在出差時若有空檔就會去拜訪。大家一定要積極地去參觀。

## 為了增進知識增廣見聞，養成「發言」的習慣

根本問題 ①②③

**一個光是擁有知識的人並不能讓人尊敬。你必須深刻地理解知識後，加上自己的價值觀和經驗以及其他領域的見解，有時還要加上和日本有關的文化背景等等，這樣所架構出的「見識」，才是全球需要的人才。**而想要獲得這些見識，你應該要重視對話。透過與他人的質疑應答讓自己的想法更加深入，當知識和想法有了一定的深度後，你就會找到自己的原則和定位，進而形成見識。對話是讓你的知識晉升為見識的強力手段。

哈佛大學的邁可．桑德爾教授曾上過NHK的E電視頻道，他的課堂中最精彩的就是教授和聽講人的對話。眾所周知，對話是古代希臘哲學家蘇格拉底用來加深哲學思考的方式。當初蘇格拉底在雅典街道中侃侃而談的市集至今仍被保留著。**大家都知道對話是一種可以**

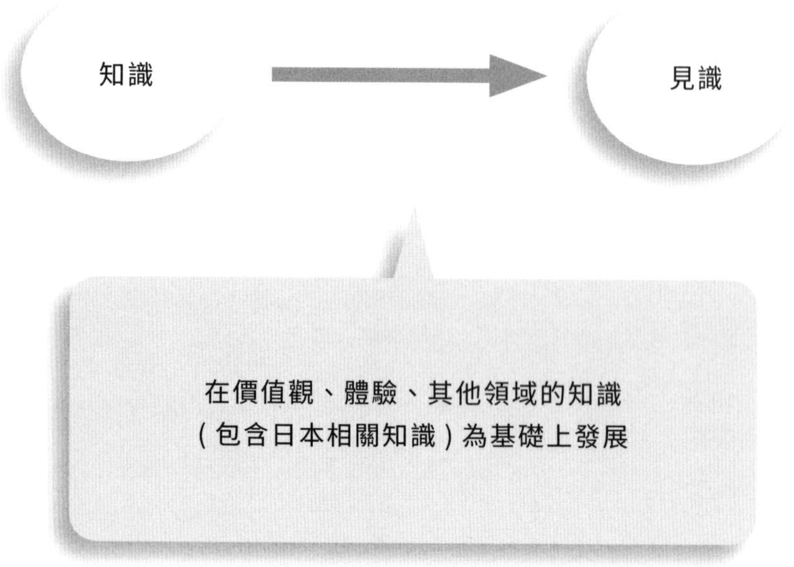

知識

見識

在價值觀、體驗、其他領域的知識
（包含日本相關知識）為基礎上發展

圖 9

**加深知識，提高見解的方式。**那我們又應該養成哪些習慣讓日常生活的對話更有深度呢。

第一、**多參加研討會和講座，並且多發問。**發問不但可以強化知識，也較容易加深記憶。

我也建議大家參加學會，學會大多是以分科發表以及問答的方式進行。如果你抱持著「我今天一定要一直發問」的想法參加，也確實執行的話，一定會有很好的效果。最近許多學會都相當歡迎跨學科的意見，入會的門檻也沒那麼高。所以我推薦各位企業人至少參加一個學會。當然，即便是英語的會議也務必要發問。

第二、即便不是實質會議，也可以參加網路座談或是視訊會議。一個月一次針對特定主題進行討論就能加深你的知識。尤其和外國人對話時，要珍惜從不同的角度討論事件的機會。

第三、參加對話型的工作坊。最近對話型的工作坊已成為進修研討的主流。而主持的也多半是能活絡氣氛增進對談的講師。如果你公司內部有舉辦研習請務必參加。

# 培養換位思考的習慣

根本問題③

**想要讓知識得以銘記，就要站在對方的角度看事情。**比方說一個月薪水只有3萬日幣的印度勞工有何想法？美國西岸新創公司老闆都在思考些什麼？接下來的交涉要如何報價？要經常去思考這些問題。如果只是表面膚淺的假設，總會有辦法解決，但是如果把自己放在對方的位置上來深入理解問題的話，想要營造雙贏局面並非那麼容易。

我們來具體實踐看看。首先你必須想像印度這個國家，腦海中除了咖哩和印度教之外還有其他嗎？擁有民族、宗教、語言等多樣面向的印度，根本無法用簡單的言語來描述。

這個時候就要發揮想像力來理解一個月3萬日幣收入的事實。在印度因為所得較低，所以一個月3萬也不錯的想法絕對是錯誤的。一般對新興國家的理解是除了部分有錢人之外，其他都是貧窮的人，這樣的認知會導致錯誤的判斷，一定要特別留意。

在世界上存在著一種外表看不出來的「地下經濟（或灰色經濟）」。是稅捐單位無法掌握的交易範圍。例如在新興國家的都市中經常買得到的當地名產，這類的交易通常就是國稅局無法掌控的地下經濟。我曾訪問過新興國家的一般住宅，他們將收入所得花在家具用品上的比例令人吃驚。實際上擁有比月薪更加昂貴的家電和電腦的人不在少數。

另外你還必須想像關於家庭方面，除了本人和配偶之外，他可能有好幾個孩子，另外也許還必須照顧父母和兄弟姊妹，而他卻是大家族中唯一有工作的人。

去了解一個一個月入3萬元的印度人的想法是非常重要的事。從這一點去加深理解後這些內容將成為你的知識。

另一方面，美國西岸新創公司老闆都在想些什麼？日本非常地重視穩定，但是對美國西岸新創公司老闆來說，他們更期待冒險。對他們來說，穩定就是沒有風險，也意味著事業將不會有所成長，這對創業家來說是最糟糕的狀況。

另外對工作的速度感也不相同，新創公司的老闆大多決斷明快。絕不會像日本企業，尤其是大型企業浪費時間在調整工作、人力或決斷上。已經習慣日本企業文化的企業人，如果要站在新創公司老闆的角度換位思考的話的確有困難，但是這樣的能力卻可以將你鍛鍊成國際人才。最重要的是，不是只有表面做做樣子，你必須打從心裡站在對方的角度去思考。這確實是非常艱難的任務，但當你擁有一定的知識之後，透過閱讀、電影、戲劇等管道去更貼近人們的想法和情緒是非常重要的。

## 經常檢視各國的歷史、民族、宗教、經濟、政治情勢

根本問題
①②③

不知道三菱企業的日本人可能很少，但是沒聽過印尼三林（Salim）大財團的應該很多吧。

如果是日本國內的訊息，那麼企業人至今所學的就足以評估應用，但是關於海外資訊方面如果不具有先備知識的話，很多時候會無法應對。**所以企業人要養成強化先備知識的習慣，對於和自己有直接商業往來的國家及地區，必須有目的性地了解該國家的概要。**我的建議是請好好地針對下列5點做準備。

●歷史（建國以及獨立時期、舊宗主國和周邊國家以及大國間的主從關係）

●民族（關注和該民族間關係密切的語言，以及是否有多民族的存在）

●宗教（除了該國主要信仰之外，也要留意少數的信仰）

●經濟（該國的 GDP、經濟成長率、失業率、產業以及交易現狀）

●政治（政黨政策、民主化的程度）

除了以上，對於那些和自己沒有商務關係的地區，也要保有以下最低限度的理解。

●人口以及大概的經濟規模（印尼的人口超過2億人等等）

●對於民族、語言和宗教要有大致的了解（中南美洲大多信奉天主教，巴西使用葡萄牙語，其他國家則大多是西班牙語等等）

我所接觸的各國外交官中大多數對歷史都非常熟知。對中東的外交官來說，從阿拉伯人和猶太人的歷史，甚至到舊約聖經，他們都能侃侃而談。如果是駐中國的外交官，即便是非漢語圈的歐美人，也能精通中文、甚至對中國的歷史和古典文化如數家珍。可以說全球的菁英人士對歷史都非常了解。

## 用創新的角度將所有的知識融合後再重新定義

根本問題②③

Innovation這個詞彙大多被譯為是「技術革新」的意思。但其實正確的解釋應該是「創新組合」，就是用新的手法和觀點讓社會產生新的價值。這些新的組合都是由世上的萬千現象和其背後的知識結合而來。

比方來說，智慧型手機就是最典型新組合的例子。將行動電話和網路結合之後，再加上APP進而展開一連串功能，這正是既存事物的創新組合。還有以前附有橡皮擦的鉛筆也是新組合的一種。本來鉛筆和橡皮擦是分開的兩個物件，到了19世紀半才出現兩者合一的新產品。

所謂的創新組合，可能大多人都會想到企業方面，尤其是製造業和IT企業。但公家機關和大學等教育機構、醫院等醫療體系，甚至是NPO等非營利組織方面也都有極大的需求。在急遽變動的現今所有的領域都需要這樣的「技術革新」，這麼說並不誇張。把多項東西結合後產生新的價值。用新的手法從新的觀點來看待事物，然後追求更多元複合式的知識。

另外Innovation也有為既存的事物重新定義的意思。例如共享經濟的概念正在蔓延。以店面來說租借方可以針對來客率較高的時段，用較短時間也較便宜的方式租借場地。這就有別於以往的租賃經濟。像這樣的再定義也需要吸收大量的知識和訊息。

## 提供附加價值再輸出

根本問題 ⑬

有許多知識是難以被記住的，尤其是自己不熟悉的領域和世界性的知識，如果要記住既花時間又花精神。要避免這種困擾，保持經常對外溝通是最理想的做法。請大家參考以下的習慣。

- 充分有效利用自己的工作資料向客戶提案
- 投稿社群網路
- 和其他人（家人或朋友）聊聊

知識這東西會經由輸出的動作讓你印象大增。這時候，一定要記得順帶提供附加價值。附加價值的提供請看以下的例子。請大家務必養成這個習慣。

- 加上自己的見解
- 經由別的管道搜尋周邊相關的知識
- 根據需要將數據製作成圖表，在視覺上更加一目了然

專欄

## 正就讀於第七所大學的我

我目前也是京都造型藝術大學函授教育的學生，雖說是線上函授的e化課程，但我也算是正式的學生。我在這所學校中認真地學習藝術、設計，了解它們對社會的意義以及活用方式。因為我認為**今後社會上的領袖人物在藝術和設計方面的能力不可或缺。**

雖然一直被唸「幹嘛每天窩在家裡念書呢？趕快去工作!!」，但是我至今為止已經念了6所學校，京都造型藝術大學已經是第7所了。我所就讀的學校和學習的領域與學位大家可以在圖10中看到。

為什麼要繼續學習呢？因為在瞬息萬變的時代中領袖必須要具備有豐富的知識和洞察力。在學校不是只有單純聽講而已，你必須主動積極地參加研討、在事實與既定的邏輯上加入自己的見解然後製作成報告。

另外，就算必修課程中有一些對自己來說覺得未必重要、且並不

| 大學 | 科系 | 學習內容 | 學位 | 入學時年齡 |
|---|---|---|---|---|
| 東京大學 | 法學院 | 法律通論<br>國際法研討會 | 學士 | 18 歲 |
| 開羅美國大學 | 阿拉伯語系 | 阿拉伯語<br>文化人類學 | 無 | 23 歲 |
| 劍橋大學 | 社會政治學系 | 開發學<br>論文題目<br>「亞洲與日本的經濟發展」 | 碩士 | 25 歲 |
| 大阪大學 | 國際公共政策研究系 | 人才開發、勞動經濟、財政學<br>論文題目<br>「公務員的人才開發」 | 博士 | 33 歲 |
| 商業突破大學 | 經營管理學科 | 商業通論<br>論文題目<br>「人才開發效果測量」 | MBA | 40 歲 |
| 高野山大學 | 密教學科 | 佛教通論<br>論文題目<br>「佛教思想在商業上的應用」 | 碩士 | 43 歲 |
| 京都造型藝術大學 | 藝術教養學系 | 藝術、設計 | 在學中 | 49 歲 |

圖 10

積極想了解的領域，那麼也一定要認真學習將學分修滿。**我認為在大學的學習中，半強迫地修習一些不熟悉的科目很重要。**因為知識是無止盡的。

高野山大學的碩士課程中必修科目很多，我也曾和艱深的漢文佛教典籍纏鬥過，但也因此得以對佛教思想有了更深入的了解。當初如果沒有去高野山大學，我這一輩子恐怕都不會接觸佛教典籍吧。

我的工作是透過對話來幫助領袖們提高知識和見解。對於一個促進者的角色來說，我的見解未必正確，但是我一定要具有許多能引起大家共鳴討論的素材，所以更需要具有多元教養。

很可惜我並沒有去大學修習自然科學方面的學分，但是我透過參加研討會和演講、專門學校等方式補充那些不足的知識。今後我也仍將持續加深加廣自己的見聞，努力於世界各國的領袖開發工作。

## 參考：知識不足容易發生的狀況——「在國際間說這個的話就NG」

「請問你的信仰是？」很多人都被問過吧。有的人可能會回答「沒有特別的信仰ㄟ」、「我是無神論」等等。這樣子的回答在日本國內沒有關係，但在許多國家中，這樣的回答是NG的。

我的朋友中，曾經被外國的客戶問了這個問題。他回答「我無信仰」後，對方竟然就離開了。這樣一來，當然無法和對方建立其他事業上的合作關係，真的令他相當懊悔。

當然這樣的情形各個國家不同，但是當你說出「我是無神論者」時，恐怕會被解讀成「我不相信神，所以有可能做壞事」。所以除了在儒教價值觀較強的東亞地區之外，不要說「無信仰」比較不會有麻煩。至於宗教以外的事情也要多留意，不要犯了忌諱。

**第一、帶有歧視意味的發言。**日本是民族和文化同質性較高的國家，對於多元的理解較晚，因此國會議員或是上市公司的董事會中具領導地位的女性比例是先進國家中最低的。在同志文化方面，變性的藝人可以像西方一樣在電視台或綜藝節目中出現，但是同婚卻是不合法的。

尤其是移民大國美國，人種和民族之間的差異相當大，有時詢問對方的姓名或祖先出身地也是失禮的行為。只要在公開場合有任何歧視的發言就可能遭到解雇，這是世界的潮流。在這個只要有社交網路就可以讓資訊全球流通的時代，真的是「只要稍不留意就可能造成遺憾」。

**第二、對對方國家歷史方面無知的發言。**特別是和其鄰國的戰爭和殖民地之間的統治、民族自決等等方面的相關資訊如果一無所知的話，NG！

例如日本人如果對自己國家當年的侵略行為毫無所知的話，一旦聽到別人說起這件事，一定會叫對方把話收回去吧。另外即便是知道日本在二次大戰中的侵略行為，還是有不少人認為自己也是歐美等國的受害者。但是我認為大家有必要了解，在珍珠港事件中，美軍死亡的人數很多，歐洲也有很多戰俘被日軍帶走。如果參照國際標準法，那麼日本對待戰俘的方式會是相當大的問題。

**第三、對宗教無知的發言。**在全球宗教人口中佔有相當大比重的基督教、伊斯蘭教、佛教、印度教和猶太教等，如果對此相關的知識欠缺的話，NG!!

日本自古以來就被稱作八百萬神之國，對於草木等自然萬物皆抱有敬畏虔誠的心。也有許多日本人覺得神在身邊無所不在。所以日本人有「〇〇之神」這樣的語彙，很容易讓人將神和其他事物做簡單的連結。但是對猶太教、基督教、伊斯蘭教等等的一神教來說，創造天地的神就是唯一。所以和他們談及這個話題時千萬特別小心。

## 第三個習慣

# 改變「面對工作」的態度

「workstyle」這個字日本人譯為「工作風格」，但是工作風格這個詞最近因為牽涉到勞動部正在推行的「工作風格改革」政策，希望大家「減少加班 平衡工作和生活」。所以我將它另外翻譯成「工作態度」。具體地來說，指的是個人是否認知到工作和專業將會影響到業績成果，以及如何提高效率、更積極開創等等。

以前我擔任評論員的時候上過朝日電視台「北野武的電視擒抱[1]」這個節目，專題討論的內容是當時的大學生及年輕人對於職業的選擇傾向想當公務員或朝穩定發展。

「想成為護理人員，對地區醫療提出貢獻」、「想當警察維護社會安全」等等，公務員是非常有意義令人欽佩的工作。但是大多數投入的大學生都只是因為求安定所以想當公務員。

現在積極創新的年輕創業家也正在增加當中，在大型企業中也有許多非常出色的人才被拔擢為領導階層。當我和這些年輕人接觸以後受到很大的衝擊，我深深感覺到「還不要輕言放棄日本啊!!」。

但是參加朝日節目的年輕人們，無論是公務員或是上班族，一致的追求都是以奔向大公司、求安定為目標，**而對於自己的公司則抱著依附的心態，整個社會充斥著這樣的風氣。這種現象和想法在國際中是非常奇怪的。**針對這一點我認為有必要進行大刀闊斧的改革。

有人會覺得「光是努力地成為正式員工就非常辛苦了啊」。但是，就算已經是正式員工也不能安逸度日。一個企業人要求生存就必須丟棄整天混日子當個卡卡族的想法。這正是本章要告訴你的工作態度。

根本問題①

## 與全球相比，對職務和專業的意識薄弱、動機不足

「日本人很認真」這是一般大眾的認知。守時、嚴謹而靜默地處理業務、不排斥加班……這些點，確實可以說認真。但是員工的士氣、動機卻是全球最低。

1　北野武的TV擒抱（日文：ビートたけしのTVタックル，直譯：北野武的電視擒抱）是日本朝日電視台的長壽直播節目，欄目創立於1991年4月1日。討論節目以社會科學為話題。來賓多數為政治家和專家。

在領袖以及人才開發的領域中，經常使用到「投入度(engagement)」這個字眼。所謂的投入度是指「對組織貢獻的主動性很強，為了達成組織的目標願意盡自己最大的努力」，也就是全力投入的意思。

美國有一間諮詢顧問公司針對這個題目，以全球3萬人為對象進行調查的結果，日本是主要國家中最低的。其他類似的調查研究還有很多，但得出的結果幾乎都顯示日本的商業人士在投入程度和積極度上是全球中較低的。

日本企業在僱用人才時並沒有全面地了解他的能力，因此進入公司後，只會依照公司或上司的指令工作。由於無法透過自身主要的業務累積經驗，因此他們往往只是被交代要完成的工作，無法讓他們積極地想要投入工作進而累積自己的經驗，自然而然成為「能混就混的卡卡族」。這樣的工作無法提升自己的專業，也無法達成自我實現，是工作動機低落的原因。

在其他國家中僱用人才時會提出相當詳細的說明有關職務內容以及需具備的能力，所以一般來說進入職場後都是在自己選擇的職務上自我成長累積經歷。為了完成職務你必須開發自己的能力，所以很容易找到自己想做的事來完成任務。

根本問題②

## 缺乏對時薪價值和時間成本的認知，導致工作效率不佳

我在座談會或演講中經常問學員們「你們了解自己的時薪價值和一小時內能產生的利潤嗎」。只要將薪水、保險、以及公司負擔的福利等加在一起後再除以工作時間就可以得知自己的時薪價值。但是你每一小時所能創造出的利潤和銷售額呢？要怎麼計算？

部分的全球企業和一些導入先進機制的企業將正式員工以及傭金制度的營業員排除後，應該可以大致算得出獲利吧。其實大企業都會以時間單位來記錄自己的業務內容，但是這些紀錄卻和實質上的收益沒有太多連動關係，大多還是無法清楚知道自己在一小時的工作中到底為公司賺進多少錢。

另一方面世界上的全球企業更加重視的是，到底這項業務能和利潤產生多少關連呢，也就是這項業務所能帶來的每小時利潤和成效。

我在擔任日本總合研究公司顧問的時期，必須記錄每天的工作內容和活動。在接下訂單之後必須分別記錄所有的企劃、營業、R&D、訊息往來、能力開發等項目。至於已經完成訂單的企劃，會依照訂單的金額和每天自己的日薪間的關係來決定自己可投入的時間成本。

比如我接了十天份的工作，就算該活動工作中有多多少少的增減，原則上我還是以十天份的工時為標準進行。這樣一來我就能知道自己創造的利潤有多少。這個做法當時日本企業很少見，是以完全的個人業績主義來計算時間成本和利益的作法。

我現在雖然自己經營一家小公司，但我的想法和做法依然沒變，反而因為是自己經營的公司所以用更嚴格的立場來看待這件事，也因此在這方面的意識也更加敏銳。在公務員時期，當然不需要考慮時薪價值和時間成本。那比較像是針對狀況去完成工作的感覺。而在日本總合研究公司的經驗，對我來說則是180度完全顛覆的大改變。

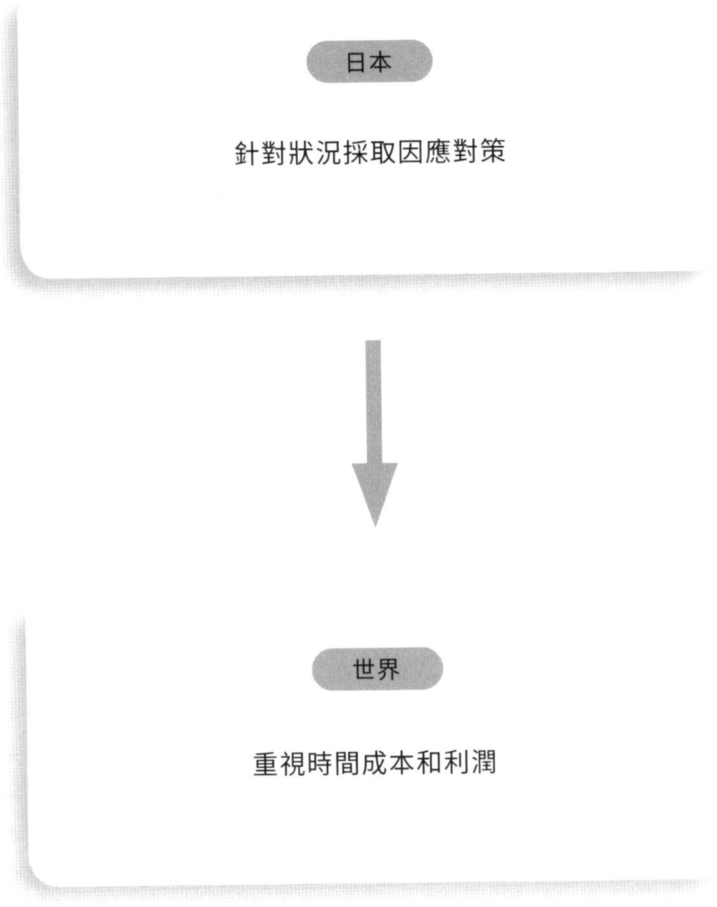

日本

針對狀況採取因應對策

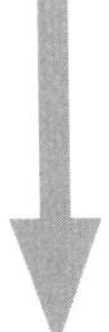

世界

重視時間成本和利潤

圖 11

根本問題
③

## 過於察顏觀色缺乏主動性

日本聖德太子的17條憲法中「以和為貴」這句話，彰顯出了日本人重視融合協調的價值觀，我認為這非常重要。但是這樣的價值觀如果朝著棒打出頭鳥的方向發展的話就會產生問題。所以任何事都要注意「過猶不及」。

在意周遭的眼光不發表意見、保持沉默、毫無主見地附和別人看法、排擠同溫層外的人……。日本人真的太會察顏觀色而缺乏主動性。

來自同儕的壓力的確是不容忽視的問題，大家也都看過「棒打出頭鳥」的情況吧。但是如果因此就缺乏主動性的話，**可以說根本就和領導力不足畫上等號了**。所謂領導力的前提就是自己的主動性要夠。如果領導力不足，便沒有辦法對環境的變化提出對策，更無法擔任新時代的領導者，這一點對組織來說是很大的問題，也會帶來不小的損失。

領導力不僅僅指經營者或管理階層的能力，對公司的新進員工也應該要有所要求。所以，在國際企業的面試時，關於這方面的問題經常被提到「你過去曾經有領導行動的經驗嗎請說明一下」。這個問題和「進公司的動機與對未來的期許」一樣，是面試時最常被詢問的問題。

當然，在部分的非民主國家中狀況是不同的。**以前俄羅斯的人力開發專家曾說過：「在俄羅斯只要強調領導力的重要性，就會被普丁總統給盯上」**。在非民主國家中除了獨裁者以外的人是不需要領導能力的。這也意味著領導力和民主主義的相關性，**也可以說領導力是實現民主主義社會的重要概念**。

日本也是民主主義國家，但是當我在企業現場和20、30歲的員工談話時，經常聽到「我沒有興趣當主管」、「我不想當主管」這樣的想法。原因可能是因為他們看到上司背負了太多的責任，而且在客戶應對和下屬管理上必須花費許多時間，所以他們覺得領導者是一件很吃力的工作吧。**因此全球的國際企業人事主任群中就傳出「日本人沒有領導能力」這樣不佳的評價**。

在學生時代擔任過社團幹部或學生會會長的人在領導方面或許有些經驗，但是日本的學校教育本身就很難有機會學習到領導力。懷有理想和大家一起達成目標這些都不是難事，進行意見整合或是當個形式上的代表也是經常有的情形吧。但是在職場上，儘管是以管理階級的候用幹部身分被錄取的員工也一樣，「不想當主管」的人還是很多，這是日本的特徵。

另外，在人力開發的世界中有一個重要的議題，那就是：管理階層所需具備的管理能力和領導能力是不同的東西。但這個部分並不是本書的主題。有興趣的讀者可以參閱這個領域的泰斗約翰．科特（John P. Kotter）的著作「『領導者應該做什麼』（What Leaders Really Do，1999）」。

## 擁有即便再小也能全球通用的願景

根本問題
①③

一個國際化的人才，一定擁有一個世界通用的願景或夢想。因為你一定會被問到有何願景？其意義為何？其實並不需要多麼遠大的志向，只要是透過自己的工作能夠對世界多少有所貢獻就夠了。

比方說，希望自己公司的列印機能夠讓全球企業更具效率、自己公司引進通訊教學的設備可以提升員工的能力等等。還有就算是只能為自己居住的地區帶來些許幫助也是好的。不需要非得像NPO的成員一樣，以全世界為目標進行改善所有落後村落的衛生環境。

但是，如果你的願景是要犧牲他人或是帶有排外主義的話是不被允許的。有「本國優先」的想法然後犧牲他國的利益，這種理想就算實現了也無法在世界通用。因為世界是共存共榮的大環境。另外，**摒除私慾為他人貢獻的想法**也很重要，不要光想著「營業額提高」、「增加經營者的收入」。我們必須重視的是對世上大多數的人來說都能變得更好的事情。

如果擁有這樣的理想，你的知識和訊息會跟著改變。這一點已經在第1章和第2章中談過。日本的人口這麼多但使用英語的人口比例卻這麼低，怎麼也無法向外發展。在接觸更多訊息的同時讓自己的學習加深加廣，然後藉此學習而生的見聞作為基礎進而產生願景，這一點相當重要。

如果把願景託付給公司，對自己的工作沒有想法每天只是下意識地做著，當然無法產生國際化的願景。願景可以說是改變工作態度的起點。

## 理所當然地堅持自己的喜好

根本問題①

許多有見地的人都知道如果不是自己喜歡的事情，是既做不好也做不久的。但是日本的企業體系中充滿了「因為上司交代不得不做」、「自己沒有意願但被迫調職」等等傳統做法，導致日本企業無法培養個人專業經歷，而往往都是做一些自己沒興趣的工作。雖說不喜歡的工作就離職是全世界共通的現象，但是日本人大多不會離職遵從上司的指令做著自己不喜歡的工作。這也是造成工作動機不高的原因。

「以前，為了好的工作就必須念大學，為了進大學，念書是唯一有效的方式。但是現在**你要做自己喜歡的事，為此你必須創造商業模式，因而也必須改變學習方式。**」這是麻省理工學院媒體實驗室所長伊藤穰一所說過的話。

如果都找不到自己喜歡的工作，那就應該去追求興趣或是娛樂，你可以**在自己擅長的**

**領域磨練技藝，然後坦率地讓大家知道。**我認識的朋友中，為了自己想要學的東西又去就讀社會大學，然後將這件事在公司內宣揚開來，接著就被調到了自己期待的部門去，現在每天都很開心地工作著。事實上，大家都認為公務員的調動希望很渺小，但是每年都不放棄填選調動書而達成目標的人其實很多。所以對喜歡的事還是要堅持。

## 根本問題②

## 重視外界對自我的評價

上班族一旦進入公司往往會在意自己的評價和待遇。同事們只要聚在一起，也都會針對這些話題發表一些意見和不滿吧。對自己的評價和待遇漠不關心的人其實很少。若是真的不在意的話，很有可能會遭到退休建議或裁員。因為就算無法升遷，若是評價不高的話也很難在原本的職位上繼續待下去。

另外，就算在公司內部的評價很好，一旦來自公司外部或世界性的評價不佳時，除了業績非常好的公司之外，就會有「不是非你不可」的狀況。所以我希望各位，要用國際化的角度來看自己的收入。**不要只是看重公司內部的評價，要養成重視世界評價的習慣。**

首先請你先想想看，比起新興國家中和您同一能力水平的人，您的收入是不是較高？日本在海外子公司，當地員工因薪資比不上日本派駐員工而心生不滿的例子很多。「從日本派過來的員工不但有津貼，還提供住宿，重點是工作能力差」很多這樣的聲音出現。日本企業如果在海外子公司僱用當地人擔任管理職位的話，對方多半有碩士學位，當地話是一定的，英文也能說，甚至連日語都通的員工很多。反觀從日本駐派的人員素質又如何呢？

的確，在赴海外就任的時候，會遇到像是孩子的教育費、居住問題等等許多的困難，花費也相當驚人。我自己因為自身也有到海外工作的經驗，所以特別清楚當中的辛苦。尤其是孩子就學方面，無論是日僑學校或是國際學校都是一筆很大的開銷。所以公司給予一定的補助是必要的。

即便是這樣，和當地聘用的員工相比，待遇是一定好很多的。外派員有可能拿到的是高於市場價值的薪資。**在國際化的現在，外派和當地僱用的差別其實就是妨礙優秀人才進入公司的主要原因。**無論是哪裡，一旦你被錄用之後，你的職業生涯規劃就必須在同一條道路上往上爬。原本海外的就職現場就是一個可以知道自身價值的好地方。但是這樣的任命模式，日本的外派員工始終只能成為孤島上的一隻蠹蜥。

順帶一提，日本是一個注重學歷的社會，可這觀念是不對的。因為如果你拿的是文科的碩士或博士學歷，將來在升遷方面談不上有利。比起這些，國際上更重視的是你學到了什麼新的東西。

事實上，我就曾經在電腦的商用生產發展相當先進的加拿大溫哥華D-Wave公司裡聽過這樣一句話：「**在變化急遽的時代中，就算你是個博士也要不斷持續學習**」。終生學習的重要性我們雖然已經在第2章中談過，但是如果你認為出自日本一流大學，進入一流企業工作所以理應得到相對的報酬的話，那就大大地錯了，而且這樣錯誤的想法會對你的工作態度有不良影響。就是現在，快脫離加拉巴哥化吧。

## 不執著於現在的工作，思索拓展經歷的可能性

根本問題
①②

很多人對目前的工作感到不滿吧。事實上，如果不是自己喜歡或認為值得的工作，很難讓你全心投入。這時候，轉換跑道是否可行的念頭就非常重要。

在本章最後的專欄中會詳細談到我個人當初進入外交部工作後，因為對外交政策和國家利益的意見不合，一度相當痛苦。我不想一輩子都這麼過下去，所以辭掉工作轉換跑道。雖然也有反對的意見，但是我認為還是應該要堅持做自己想做的事。

**我認為經常去思考副業、換工作、獨立創業的可能性是很棒的一件事。**藉由經常檢視自己的可能性，讓選擇的範圍更加擴展，也比較不會沮喪。最近軟體銀行以及樂敦製藥廠等認同員工兼差的企業逐漸增加中。聽說生駒市公所等等公家機關也在一定的規範下容許員工有副業。

雖說有些很嚴厲的話非常難以說出口，但是我還是得告訴大家，在這個時代，**如果長期待在同一家公司的話，你必須考量到自己的視野可能會變得狹隘。**我從一位戰略諮詢顧問公司任職的演講者那裡聽到一句話：「以後沒有更換工作經驗的人很難爬到經營者或管理職的位子」。對此我深感認同。

## 勇於嘗試新事業及海外擴展

根本問題③

雖說多方嘗試不同的職務內容是必要的，但是轉換跑道或是調往海外並非那麼容易。如果這樣，我希望你把握機會勇於擔任企業內新事業或海外拓展的負責人。

新事業的創立當然不容易，光是從想法到具體企劃的過程就相當辛苦。但其實真正的辛苦卻是從公司成立之後才正式開始。其中包括實際商品製作、內建功能、銷售管道的確認、工作人員等等各式各樣的狀況需要應對，身為負責人絕不能用以往傳統的方式來處理這些事情。

如果是海外拓展，工作風格也會跟著改變吧。前面也提到，日本企業的工作方式在世界上是一種異數。海外公司必須和許多的外籍人士一起工作，這時透過負責人的履歷和實際的成績一定可以讓你成長為更好的企業人。當你自告奮勇負責海外事業時，也可以同時考慮負責海外的業務或是調職海外，實際上會有許多益處。

第一、人口減少已經是現況，跟經濟成長已經大幅度下降的日本相比，海外還有許多國家或地區的人口或經濟還在持續成長。一般來說，**具拓展力的市場對自我的成長再適合不過。**

第二、可以學習到語言、文化、商業習慣等等新知。**在海外居住3～5年，歸國後你身為企業人的市場身價將大大提高，在日本國內不論是換工作或是創業都非常有幫助。**

第三、海外有需多企業需要聘用會日語以及熟知日本交易習慣的人才。當然英文和當地的語言能力以及依行業別會有其他不同的需求，這也是一塊意外的發展空間。另外也可以到日本企業的當地子公司應聘。這一點，如果不要太堅持待遇的話，門檻相對較低，發展的可能性也較大。

談到海外就職，大家都會想到海外企業或是日本企業海外子公司，但是其實還有其他選擇。

第一、是國際機關和NGO等等解決全球問題的世界組織。另外外交部等也有送年輕人到聯合國工作的獎勵辦法，大家可以多參考。

第二、年輕人還有一個選擇，那就是**青年海外協力隊**。你可以徹底融入當地，而且可以貢獻自己的心力，是一個非常棒的機會。有一些強力推行國際化的企業會積極地聘任出身海外青年協力隊的年輕人們。

## 重視公司營收與利潤的「獲利感」

根本問題
②

在營業部門很清楚自己收到的訂單額度，從當中扣除掉原物料和管理費等等其餘的就是利潤。因此相較之下比較容易知道自己為公司賺進了多少錢。但是如同根本問題②所談到的，不知道的人還是比較多。

但是**經營企劃和研究開發部門、以及其他一些間接部門，知道自己為公司到底貢獻了多少利潤是很重要的事。**例如企劃部門在新事業的提案時，知道自己在營業利潤上貢獻了多少的心力，所以能夠知道大致的獲利吧。

間接部門的部分，也可以將如何削減成本作為指標。人事部門則可以藉由人事異動後重新編配員工得知能為公司帶來多少利潤。無論如何，在可能的範圍內請大家去計算這些時間成本和利潤，並重視這些數字。**能夠改掉工作這種被動的態度，讓自己積極表達想要**

**賺錢的習慣是再好不過了。**所以是「工作」還是「賺錢」，這兩個不同的詞彙將會影響到你的表現和成果。

## 根本問題③ 採取主動表達意見和其依據

日本人在各項會議中沉默是出了名的。我18歲到美國去念書時住在寄宿家庭，在課堂中也是不曾發言。之後在埃及過了2年，再到英國劍橋大學留學時英語已經有相當程度了，可是如果要快速或深度地探討議題還是有困難。而現在的我已經習慣使用英語以及參加各種國際會議，甚至因為「很愛發言」而受到矚目（苦笑）。讓我有所改變的就是養成以下的幾個習慣。

第一、坐的位置。盡量坐在顯眼或是較前面的位置。如果座位在後方或是角落較難發言。

第二、爭取最先發言。隨著討論議題的深度，對於自己是否要發言會更猶豫。所以可以一開始就設想好最初的發言內容。

第三、明確地闡述自己的意見和根據。這個世界是講求根據的。數據、再不然就是觀察結果，或者是公聽會等等都可以作為依據。如果能拿出3個左右的證明的話效果最好。另外，**工作上的請託和指示等等，明確地說出目的和依據也是相當重要的。**千萬不要用日本那一套曖昧不清的表達方式。

第四、主動擔任活動引領人。引領人的工作不但要讓會議氣氛活絡，同時要整理許多意見和資料，然後進行彙整。這個工作比起單純的主持人需要更多的主動性。例如在討論僵持不下時，用一些「讓我們用白板稍微整理一下大家的意見吧」這樣的方法恢復氣氛。

在國際政治的現場也一樣，哪個國家擔任議長國和會議的成果息息相關。**在全球的會議上手握主導權就是王者。**

坐在顯眼的位置

爭取最初的發言

闡述自己的意見和依據

擔任引領人

圖 12

根本問題 ③

## 在日常生活中採取主動

要從日本人慣性的「消極被動症候群」中跳脫出來，需要養成什麼習慣？

第一、一開始就講過了，自己要經常意識到掌握主動權這件事。雖然很難，但你試著，每天早上都問問自己，今天我要主動做些什麼不同的事呢？這樣的問題意識會留在腦中，進而連結影響到你的行為。

第二、即便是日常瑣碎的小事也去主動爭取。例如公司內部會議的主持人或是擔任聯誼會的幹部。

第三、主動爭取來的事情按照自己的步調進行，不要讓其他人干涉或占用你的時間。如果同是組織的成員，要推辭來自於上司的請託可能很難，但是掌握住自己的時間是非常重要的事。你必須經常提醒自己時間管理的重要性，然後從中找到調整妥協雙贏的辦法。

曾經長時間在德國工作過的隅田貴氏在「向德國人學習『生產率』」一書中就談到**「因為太忙所以沒辦法」這句話在德國是行不通的。**因為時間的自我管理是理所當然的事，這就是德國人之所以生產率高的真正精神。

第四、如果自己在公司內地位較低，無法獲得主動表現的機會的話，可以找一些公司外的其他活動來替代，我比較推薦的是國際演講協會（Toastmasters）。這個協會在1924年創立於美國加州，是一個非營利的教育機構。宗旨在於希望每一個會員都能在大眾面前自信地表現自我，進而能擔任世界領袖的職務。目前在全球有16400個以上的分會，日本國內也有超過180個分會，各位的住家附近也許就有呢。

這個協會積極地運作培養未來世界的領袖。每年從各地分會選出的幹部有各自的使命，透過這些活動鍛鍊自己的領導力。如果擔任幹部中的會長或副會長，更必須針對許多事情下決斷。而且為了要讓協會更具吸引力招募新會員，協會必須想出各種方法提升會員的演說能力和領導力。

另外幹部必須每年替換，這和其他的社團不同，幹部的選擇無關年齡性別或職業，只要入會1～2年就可以擔任幹部。所以也有20幾歲的幹部帶領50～70歲會員的情形，但是領導力本來就跟年齡性別和職業毫無關係。**領導人一定是被賦予了某種使命而發掘出來的。**分會可能設在都市較多，但許多縣市都有分會，大家一定要去試試看。

## 根本問題②

## 養成以國際標準作決斷的習慣

想要成為全球化人才，你必須具有行動力和反應力。一旦考慮到時間成本，行動力還是很重要的。而反應力指的是馬上就能當機立斷的能力。

人類本來就是順從「慣性法則」的生物。日本更是當中更為傾向保守的一群，只希望維持現狀，卻逃避做決定。

以前我到蒙古參加針對日本領導人而舉辦的研習營，舉辦方是蒙古當地很有名的財經界大老。我對他表示「希望您將這些方法教給日本的經營者和商業領袖」。而日本人在參觀過蒙古的地下資源後，也紛紛表示「這真的太棒了，我們公司也要考慮投資」等等，但是之後卻沒有下文了。事實上在日本人還在討論的時候，其他國家的企業已經馬上決定投資了，所以日本自然就大大地損失了一個好機會。

日本企業的交貨期限守時水準之高是全球有名的。但是對於做決定這件事卻也是出了名的猶豫不決。想要擁有決斷力，在日常就要養成以下的習慣。

第一、打從心裡就要有「提高決斷力」、「果斷決定馬上實行」的覺悟。如果無法當下決定馬上做的話，可能會讓你遭受到莫大損失喔。

第二、如果是企業人士的話，盡可能地在自己做得到的範圍內自己下決定。即使只是普通的職員也沒關係，什麼時候該拜訪客戶、出差的日期、出差時除了預訂客戶之外是否要安排別的行程等等，這些瑣事即使是一般職員應該也可以自己決定。另外，名片的管理方法、選擇讓對方留下好印象的服裝等等，這些都是自己應該要下判斷的事情。

**在領袖開發的領域中，判斷力和決斷力是兩種不同的能力，可以判別出不同的資質。**判斷力是以各種現象為基礎，再依據目的做出適當的決定。相對的，決斷力則是要適時去實行判斷的內容。「實行」和「適時」這兩個字眼就是和判斷力最大的不同之處。所以有判斷力的人和有決斷力的人還是不一樣的。

即便你能下判斷，但如果不能即時做出決斷的話，就得不到好的結果。**頭腦好的人一定都有好的判斷力，但是決斷力可是全然不同的東西。現今全球所需要的人才，是能當機立斷具有決斷力的人才。**

## 獨立經營的習慣

根本問題
①②③

21世紀被認為是「**一億總自營的時代**」。也就是說，社會中獨立的承包商的比重將會增加，如果你在所屬的企業中不具有自營能力的話也會被淘汰掉。

日本傳統的僱用制度，除了武士之外本來就很稀少，讀者們的三、四代以前的祖先們，也大多從事農業或工商等等的自營業吧。**僱用的制度，是這100年來才普遍出現的工作方式。**

另外企業在劇烈變化的世界中，原本能帶給人們長期穩定感的終身僱用制也可能成了具有極大的風險的工作方式。固定的一般工作已經可以交給AI，而非固定但不需要創造性的工作也可以交由AI取代。結果就是，僱用制度漸少而承包漸漸增加了。

所謂承包，定義是「承包商在完成約定的工作項目後，訂貨人依據工作的內容給予相對應報酬的契約」（民法632條）。儘管是付出時間成本可以得到報酬的工作漸漸被AI取代的狀況下，對按件計酬的承包商來說，還是完全合乎專業的契約型態。

當然也有不同的意見表示，如果優秀的人才不長期聘用為正式員工的話，可能會招聘不到。當然，這和業種、業態都有關係所以不能一概而論。但是今後的潮流將走向發包（或是委任）的模式進行。在這樣的時代我們又該做些什麼呢。

第一、**不要依賴公司**。我的意思並不是叫你辭掉工作或是看不起公司。而是不要把任何事情都當作是公司的責任。以薪水來說，並不是公司給你錢。而是因為你幫公司做了許多事讓公司賺了很多錢，這樣的想法是很重要的。

另外，如果是個人事業體的話經費可能還關係不大，但如果因為公司經費不足而犧牲掉工作品質就不對了，上班族這樣的想法不論是在公司或是個人方面都是不應該的。相反的你應該要自掏腰包去學習得更多才對。

第二、**到了一定的年齡就向公司打探關於承包或委任契約內容。**如果別家公司在工作上的質量都較好，也可以和其他公司簽約。

第三、**不斷地持續投資自己。**我們在第2章也談過，我們自身必須要擁有無可取代的專業性和寬廣的視野，讓上司和同事無法超越。

有人也許會說沒有那個閒功夫也沒有閒錢。但是大家想一想，**幕府末年和明治初期的時候也是書籍和海外訊息非常欠缺的年代，但是有理想抱負的年輕人盡自己的能力寫書、連在廁所中也用蠟燭念書的例子比比皆是。**大家現在可以到圖書館免費借閱許多的讀物，在網路上可以搜尋到許多的資料，這是一個不用花錢也可以進修的時代。

## 根本問題②

# 讓自己收入多元化（包含海外收入在內）

人們對於自己付出的勞動往往都會設定有相對等價的薪資。但實際上，像是寫作、演講、股票的收益、不動產收入等等都是賺錢的方法。這裡要告訴你的目的並不是教你透過投資賺錢。但是投資的確是了解全球局勢的捷徑。就算個人手頭上沒有那麼多資金，但是也能很輕易地就買到美國等國家在海外的股票。投資海外股票有幾項好處。

第一、**關心海外企業的動向**。既然身為股東就一定會擔心股價的情形，所以會去注意自己以及競爭對手等其他海外企業的股價。自然就會跟著關心全球各種問題的發展。然後就會考慮接下來該買哪一家企業的股票比較好呢。

第二、可以降低收入來源只靠國內的風險。如果將資產全部放在國內的話，一但遇上通貨膨脹等等經濟上的混亂時，可能會有收入減少的風險。所以只靠日本企業賺錢生活的人，應該要意識到這方面的危機。

第三、以美國為首的海外股價長期來看是上揚的。日本在2017年末時平均股價雖然超過2萬點，但其實大約只有泡沫化時一半的價格而已。相對來看美國股價雖然在2008年雷曼兄弟金融海嘯時大幅跌落，但以5～10年為單位來看的話是上揚的。因為在美國，股東對股票上漲的壓力比日本更大。

專欄 **我在公務員和獨立創業的經驗中所看到的**

我一畢業就進入外交部工作當起一名公務員。之後多方輾轉之下到目前的獨立創業。這兩種截然不同的經驗讓我重新思考，安定和自由之間該如何取得平衡。

公務員的確生活安定，每年也幾乎有固定加薪。只要不牽涉到刑事案件，就無須擔心遭到解雇。但是公務員是沒有自由的，你沒有選擇勤務地點和時間的自由，但最讓我頭痛的則是政策面的問題。

對我來說只要不涉及國家安全問題，那麼國家的設限應該可以降低，讓人和物都可以自由來去，我是屬於這樣的自由主義者。但是外交部一切以國家為重，以國家的利益為重。

另外，關於人權和人道問題，我認為也在以國家利益為前提之下被犧牲掉了。不只是不符合政策，也沒有自由發言權。我在這裡工作有時也會覺得鬱悶。

另一方面來說，獨立創業在行動和發言方面有著絕對的自由。但是也相對地要自己扛起所有的責任。也有可能會遇到經營不善的時候訂單減少，或是公司倒閉過得窮困潦倒的情況。每每參加學生時代的同學會時，還會跟大家說：「明年的收益可能是零，公司的狀況岌岌可危啊」。

所謂的獨立就是徹底地冒著風險一定要把自己的能力發揮到淋漓盡致。所以對於訊息搜集、知識的吸收、創立社群、語言的學習等等，每天都要拼命地努力讓自己的市場價值提高。

經常有人找我諮詢關於「想要獨立創業」這件事，通常我的回答都比較苛刻，像是：

- 你有業務經營經驗嗎？如果沒有的話是否有能夠替你開拓通路的代理人？
- 有可以支撐半年左右的週轉金嗎？
- 目前為止你的工作經歷中，在業界或公司內有一定的知名度或者好的評價嗎？

也有很多人覺得公務員不能轉職或是創業，其實這都是錯誤的看法。即使是公務員，只要有相當的危機感，然後不斷地持續努力提高自己在市場上的價值，不管是轉業或是創業一定都能成功。

安定和自由哪一個較好，因人而異。但我感覺到了**時代的潮流正推向自己創業的方向**。至少對我來說，自己創業絕對是比較適合我自己的。

第四個習慣

# 改變「社群互動」的模式

本章要探討的是藉由社群互動模式的改變，培養成為國際化人才的習慣。

現在的社會非常看重個人是否具有多樣化的經驗和視野。在日本只要談到「多樣化」，很多人都會以女性活躍於社會的話題為例，但是在全球，還可以從民族、宗教、所得、階層、本業、專業領域等等來看待多樣化這個字眼，除了性別之外，像是民族和語言的不同都會對想法和價值觀帶來不一樣的影響。所以，除了同業的人之外，和不同專業領域的人交往是非常重要的。

一個具有多元視角和經驗的人被稱作**個人多元能力**。為了實現這個目的，你必須接受來自不同社群的多元刺激。

根本問題
①

## 只和志同道合的朋友或是工作夥伴往來

當被問到和誰一起去喝一杯時，大部分的人都是回答工作夥伴或是學生時代的朋友。事實上很多人的人際關係都侷限在學生時期的朋友圈或是工作上的社群而已。當然學生時交的朋友也有可能發展出有意義的人脈。另外，因為過度加班以及大都市中通勤時間太長，這也是造成人際圈狹隘的原因之一。

但只要人際關係沒有擴展，你的想像力也會變得狹隘。所以有必要再多做點什麼來擴展人際關係。

根本問題②

## 讓自己侷限在日本人的團體中

會議或是聚餐時只要有外國人在場，就會覺得「好像很特別」，然後變得過度緊張。

**被英語和充滿英語的氛圍所打敗的日本人真的不少。**

工作上的夥伴

志同道合的朋友

再加上一點其他的

圖 13

**經常聽到住在日本的外國人表示「日本非常封閉，不接受外國移民」、「日本人不太喜歡和外國人交流」**等等，真的很可惜。日本是一個島國，江戶時期的鎖國政策以及其他因素和別的國家產生長時間的隔絕，而且在語言方面日語的難度又更助長了隔閡。

其實如果公司裡沒有外國人的話，平時大家見到外國人的機會應該就只有觀光客之類的吧。但是駐派海外的日本人卻也是經常都只在相同的文化圈中打轉。如果想要活躍於世界舞台，就必須克服障礙，跨出同溫層。

根本問題 ③

## 對群組外的人很冷淡？

2020 年東京奧運的標語之一就是「盛情款待」，但是真的做得到這一點嗎？大家可能會認為日本人會充滿熱情地接待來自各國的人，但其實那只針對付了錢的客人以及來參加奧運這個盛大活動的選手們而已。其實日本人對不屬於自己圈子的人相當冷淡，甚至也有不親切的評價。

日本人在捐贈以及義工方面的活動也較低調，雖說其中的原因有稅制的問題以及工時過長的關係，但其實世界上除了自己身邊的群組之外，還有其他值得讓我們關注的事情。事實上西雅圖的星巴克就會提供給流浪漢免費的飲料。

對自己群組以外的人不親切也表現在打招呼這件事上。日本人如果是碰到認識的人一定會很積極地打招呼，但如果是不認識或非朋友圈的人態度就會變得不友好。你可以看到商店店員很熱情的招呼、飛機上的空服員在上下機時對乘客親切的招呼，但對此不作回應的日本人大有人在吧。每個人都應該知道這樣毫無反應是件失禮的事情吧。

根本問題 ①

## 讓自己在「工作」、「娛樂」、「相互切磋」3種群體中保持平衡

大部分的人在工作上的付出以及和同事、客戶間的往來應酬的時間比重都較高。偶爾讓自己歇口氣或者找點娛樂也是不錯的。但如果光是這樣，你將很難繼續成長。所以本書建議你在**工作、娛樂、相互切磋的3種群體中保持平衡相處。**

工作上的夥伴指的是公司的同事或客戶。娛樂的朋友指的是學生時期的知心好友或有共同興趣的推心置腹的朋友。至於相互切磋的夥伴指的是在工作之外一起學習其他活動的學伴。

在成人教育中心學習的學伴以及事業上的夥伴有時也會發展成相互切磋的關係。甚至學生時期的朋友也可以一起努力共同成長。工作上來往的對象也有可能發展出相互砥礪的關係。只要是志同道合能夠走到一起的夥伴甚至都有可能一起創業。

工作上的夥伴

擁有共同興趣的朋友

一起相互切磋的學伴

圖 14

在你周遭交往的朋友中，有可能同時存在於你的好幾個不同的人際圈中，這意謂著他可能同時屬於3個不同的群體中。所以讓自己在工作、娛樂、相互切磋的3種群體中保持平衡相處是非常重要的。

## 根本問題①

## 培養「1對1」相互切磋的關係

「一起相互砥礪成長」這件事在社群本身也能進行。以我來說，稻盛和夫先生所創立讓經營者們成長的盛和塾，以及能夠用英文演說的國際演講協會都是能夠讓人成長的社團。

社群，也就是集團雖然很重要，但是也不要忽略了1對1關係的重要性。因為集團有集團的集會重點，焦點並不針對個別問題和個人成長。從學生時期的朋友，或工作關係、讀書會認識的人當中找出可以1對1有目的性交往的人也很重要。

1對1相互砥礪的基準在於要能夠讓彼此相互成長。一年當中最低次數的會面、除了聊聊一般近況，對於彼此的理想和目標以及因應的策略都能夠彼此商量提出建言。

在人力開發領域中相當強調1對1輔導面試的重要性。**日本對於個人的輔導尚未普及，但是世界級的一流領導幹部大多都有專人指導。**如果可以做到從相互切磋到接受專人訓練的流程，個人一定會有突破性的發展。

## 在社群中卸下頭銜與人坦率地交往

根本問題

①②

你在自我介紹的時候，會連帶介紹自己任職的公司名稱吧，「我是○○公司的田中」。在日本習慣用頭銜、年齡來推測對方和自己的上下關係。另外，對學歷、性別、國籍等方面也有些多餘的在意。

對於異文化理解領域方面在世界評價相當高的研究學者艾琳梅爾(Erin Meyer)在其著作「異文化差異」中，就明白指出日本、韓國以及奈及利亞是全世界最「依據頭銜和位階進行社交」的國家。

實際上在公司時，大多數的人並不是稱呼「先生／小姐」，而是帶著頭銜的「○○部長」吧。用公司規模、地位、學歷、性別等屬性進行判斷後就會意識到彼此的主從關係，也就很難有坦率的交往。另外，社群中如果太執著於上下關係的話，恐怕也很難自由發言。

**禮貌和尊重雖然很重要，但是坦率的往來是能讓社群更活絡的重要因素。**

因為有些人喜歡用 Doctor 或是 Sir 等等的稱號，所以用名字稱呼對方是否合適因人而異，但在歐美國家即便是對上司直呼其名也是很普通的事。

舊有的價值觀和階級觀念已經改變，這是年輕人、二百五和火星人活躍的時代，為了創新，打破階級讓大家能盡情地發言很重要。當然不管對誰都應該心懷尊重，但是希望大家都能不帶頭銜、立場、年齡等眼光進行評論。

順帶一提，日本人有鞠躬的習慣，鞠躬再加上注重上下關係就太過了，這樣會讓人有很難自然親近的感覺。

## 善用公司資源，同時創造屬於自己的人脈

根本問題①

在這個跳槽理所當然的時代，在工作上認識處於鬆散關係的群組，以及介於工作和私人之間的社群也很重要。因為社群中可能擁有以下的潛在夥伴和功能。

- 搜索新的商業訊息
- 彼此成為商業夥伴
- 彼此交換公司內部的資訊
- 偶爾一起出遊

與人相識的機會許多都來自於公司同事和客戶等等工作上的關係。但是我們可以讓這樣的關係產生變化，不再侷限在工作範圍內。因為一旦幾年過去後一定會有離職的情況，尤其是諮詢業界，很多人在離職後依然和他人保持介於工作和私人間的友誼關係。

包含外國人同事在內，你對他們的熟悉度會比一起參加過幾次會議的人深吧，也較容易產生信賴關係。**一旦離職就終止關係是以前的做法。現在如果離職的話就當成一般朋友繼續交往吧。**

最近很多人開始不使用公司的方式管理名片，而是自己購買個人的管理系統來自己使用。這樣一來就算離開公司，介於工作和私人間的那一塊社交群組人數就會增加。**所以請大家好好利用公司資源，養成自己創造人脈的習慣。**

## 透過社交平台，向世界拓展人脈

根本問題 ①②

想要和以前的同事保持聯繫或是拓展人脈，利用臉書或 LinkedIn 等社群網站都會有很大的幫助。很多人因為用了臉書所以一直和舊同事保持聯繫吧。

在日本用臉書的人雖然很多，但大家不妨也試試 LinkedIn。這是一個除了議題討論之外，也針對轉換工作、招募人才的專業社群網站。我也曾經透過這個平台詢問求職相關事項、接到來自海外企業的訂單。

對世界性的領導人來說，臉書終究是較偏向私人領域的範圍，如果想要擴展人脈的話，LinkedIn 還是一個比較適合的平台。**我在海外開會時經常邀請認識的人「一起加入 LinkedIn 吧」**，在經過對方同意後再提出網路上的邀請。

LinkedIn 這個社交平台中有許多專業領域的社群，如果你能在這裡積極地發言，你的討論能力基本上就達世界標準了。在這裡不像臉書需要一直頻繁地更新內容，然後不斷地按「讚」。

在日本，私人社交方面使用臉書，對海外以及工作上則使用LinkedIn，學習交互活用這兩個社交平台，養成擴展人脈的習慣。

## 接受少數族群不抱持偏見

根本問題 ①②③

大部分的人都認為自己不會歧視或對別人有偏見吧。但是「因為是〇〇公司……所以……」、「因為是△△大畢業的」這一類的說法也是一種偏見喔。就連我也不敢說自己對不同語言、民族、宗教等方面完全沒有任何偏見。現在的時代，**即便在網路上發言帶有種族歧視的字眼都有可能被解雇。為了保護自己，對於少數族群的相關問題一定要好好地重**

**視並理解**。那麼要如何減少偏見呢？

第一、對各種語言、民族、宗教等等的實際狀況要抱著從多元化的觀點學習。這一點在第2章也提過，「多數的偏見皆來自於無知」。所以首先要避免當個無知的人。

第二、如果是同屬一個社群的朋友，就要有同理心能換位思考。認真地去想「如果我是被歧視的人種我做何感想」、「如果我是〇〇國家的少數民族的話該怎麼辦」。

奴隸制度解放已經超過150年，即便已經產生有非裔血統的總統，但種族問題在美國依舊存在。在美國危害黑人提倡白人至上的3K黨所製造的一些攻擊事件，對人種和民族同質性高的日本來說是很難理解的。

「白宮第一管家」這部電影描寫的是身為黑人的白宮管家的一生，是一部根據真實經歷改編的電影。種族歧視等等的題材透過這麼優秀的電影演出，大家也可以思考一下如果自己是那位非裔美籍黑人，是什麼樣的感受呢。

第三、無論是誰，對於和自己不一樣的人一定會有些微的違和感，這是沒辦法的事。但重要的是，在認知到這一點的同時要去思考如何應對這樣的情況。要留意光是說些敷衍的場面話並沒有辦法解決這種情形，千萬不要忽視這個問題。

## 對「日本人被歧視」不要有過度反應

根本問題①②

我在研習和演講時經常被問到，身為黃種人的日本人很難融入白人社會，這種情況要怎麼辦？這類問題在媒體上似乎較少被談論到，但是實際上感覺自己受到歧視的日本人很多，這個議題在日本企業界中相當受到大家關心。

我認為在某種層面上來說，是有點過度反應了。所以我的回答都是：「就算介意也沒辦法改變所以就不要在意了」。

的確在人心的深層是存在著歧視和偏見的。但是至少在20世紀後半期以後，人們花了相當多的努力在消弭種族歧視和偏見。以理想主義來說，我願意為人類朝這個方向的努力去賭一把。

談到種族歧視就讓我想起，在美國華府的戰略與國際研究中心裡，我和一起參與全球領袖培育企劃的納爾遜．曼德拉的孫女對談的經驗。那個時候南非由於人種隔離政策的反對運動，導致曼德拉成為政治犯被判刑服役，以及家族處在被監控下的惡劣景況中。那時她的孫女說的話讓我印象非常深刻，她說：「全球現在有堆積如山的問題，但是美國還是誕生了黑人總統，所以我想相信人類的可能性」，她的話讓我也只能選擇相信事情會朝著好的方向發展。

我認為具體的作法有2種，首先，如果是單純的誤解就讓它過去吧。像是在餐廳被帶錯座位等等都是小事而已。如果介意的話就會沒完沒了。另一個作法是，當你覺得受到明顯地揶揄諷刺，感覺真的受到差別對待時就要嚴重地提出抗議。

「自己被歧視」的過度反應會讓你很難融入任何社群。但是，自己也絕對不要容忍歧視性的言論。

## 盡可能多與自己不同的人交往

根本問題
①②③

和自己不一樣的人指的是哪些呢？首先是語言和文化不同的外國人。除了外國人之外，其他還有哪些人跟我們不一樣呢？30幾歲的時候，我認為有2種人和自己不同，一個是演藝圈的人，他們不斷努力讓自己發光發亮充滿魅力。這一點吸引了我去學單口相聲。

另外一類是流浪漢。我待在英國的期間曾經做過協助流浪漢的義工。總覺得「應該多少可以幫到他們吧」。也因此2006年在日本神戶的公益組織中再度展開協助流浪漢的工作。夜晚在繁華的街道上四處走動察看，或是煮飯給他們吃。有時常常會遇到相同的人。

那些流浪漢們各自有著不同的問題，沒有工作、沒有收入（或收入很少）、身體不太健康、或是有酒癮、家庭破碎等等。想要解決這些問題的想法是很重要的。我覺得應該可以從他們身上學到許多。

例如在當義工之前，我以為他們對政府的生活照顧政策不了解所以才會成為流浪漢，我單純地認為只要市政府的照顧政策能夠落實，問題就會解決大半。但是，問題並沒有那麼簡單，他們其實大多都知道政策的存在，但是他們不願意接受，或者是想接受但在精神層面上又不願意去市政府。如果是後者的話只要有義工的協助他們就能拿到生活津貼，但最大的問題是前者。也就是自己本身根本不願意接受任何幫助的人們。

這當中的理由各式各樣，但很多都是因為不願意公開自己以往的經歷和資產，所以逃避和市政府的接觸。而且如果要接受政府幫助就必須提出證明，證明具有扶養自己義務的親人缺乏扶養的能力，關於這方面的調查讓他們覺得很厭煩。因為很多流浪漢都已經和親友斷了聯繫。因為必須聯絡親人而放棄申請生活照顧的人很多。

我前面講了這麼多，就是要讓大家知道如果沒有實際參與這份工作是無法了解當中實情的。所以即使你將同一群組的朋友之間的往來比重降低，但盡量嘗試和那些與自己不同的人交往更是非常重要的事。

## 根本問題②

# 多參加很多外國人出席的聚會

日本有許多企業的外派員和留學生、英語教師等等許多的外國人。除了山裡，幾乎到處都有外國人吧。他們大部分都希望能與日本人交流。如果是有國外居住經驗的人一定都知道，在國外，身為外國人是非常孤獨的。因為當地的網絡、語言和文化的隔閡，會讓人很難融入當地。我自己也待過埃及、英國和沙烏地阿拉伯。雖然我的阿拉伯語和英文已經有一定的程度，但即便如此要融入當地社會還真的是一件非常辛苦的事。

**住在日本的外國人很多都有強烈的被孤立感，所以相對的積極地與之創造交流管道或建構小社群是很容易的。**

第一、如果住家附近有外國人，平時可以親切地介紹他參加當地自治會等等小社團。對外國人來說，能受到當地人的親切對待是非常感恩的事。另外如果在街上遇到了，也可以聊聊天氣的話題或是問問「你從哪裡來的呢？」，總之打招呼就對了。在對方遭遇困難的時候，如果你能提供幫助是很棒的事。

第二、詢問縣市政府的國際交流團體相關活動，並積極參與。大多數的縣市政府都有國際交流團體，也會定期舉辦一些活動。如果住家附近有大學的話，也可以參加支援留學生的各項活動。

第三、家裡如果有空房間，可以活用當成民宿，租借給外國觀光客。當然就算不是民宿，只當留學生短期的寄宿家庭也可以提升彼此交流。我家曾經有留學生寄宿，那真是一段很棒的時光。

和外國人的交流如果不是特別留意的話就會慢慢疏遠。所以外國人參加的社群你也可以加入，主動走進他們的社交圈。但是如果因為對方不會日語或是不夠流暢而感到互動很辛苦的話，對方也會察覺到你痛苦的情緒，這一點千萬要注意。

根本問題 ②

## 多舉辦邀請外國人參加家庭聚會

關於和外國人的交往，我想建議大家的是在自家舉辦家庭聚會。**一般來說日本人並沒有在家裡招待客人的習慣**，只有上流社會或一部分政治家才會這樣做。因為普通的家庭不夠寬敞、也不習慣夫婦一起參加社交活動，再加上又沒有傭人等等原因。可是這種情形在國際上是少見的。

日本的經營者最近在美國矽谷園區置產的人數增加，他們會招待當地的經營者來家裡，再度形成一個新的群組。為什麼在國際上家庭聚會那麼重要呢。

第一、在自己家裡比較容易互相取得親密感，比起高級餐廳，在家裡更容易為關係建立加分。

第二、可以結識彼此家人。一般的家庭聚會如果是已婚的人會偕同另一半參加。能夠認識對方的家人，在關係建立上當然是大大地有利。

第三、能夠展現自我。彼此展現自我是進一步建立關係的基礎。家庭聚會中聊天可能會聊到「住在這樣的房子裡，令人驚訝的是……」等等感想，這就是一種自我表達。

第四、如果是經營者或是政治家的聚會比較不易被發現。就算在餐廳預約包廂也難避開其他人的目光，尤其是進出的時候很容易接觸一般客人或路人的目光。這一點如果是在自家，只要新聞記者不是緊盯不放，通常不會曝光。甚至有什麼比較祕密的對話，也比較不容易洩漏出去。

那麼在舉行家庭聚會時應該要留意的事項有哪些呢？

第一、餐點雖然不需要太過奢華，但是要考慮到對方的宗教信仰、體質等等來準備適合對方的食物。日本人很少吃素，而且也很少因為宗教理由而不吃的東西，但伊斯蘭教不吃豬肉、印度教不吃牛肉等等食物的禁忌要多留意。

第二、如果有不認識的人參加，主人應該為大家互相介紹。如果是在飯店型的大規模宴會，可能分身乏術，但是在自家舉辦的家宴就應該要介紹所有參加的人相互認識。

第三、挑選一些配合宴會目的的話題。如果聚會的目的是希望加深彼此交情，那麼話題最好和對方的嗜好或興趣相關。所以在事前要做好準備了解對方的喜好。但如果只是一般的工作上的聚會，在一開始的打招呼問候近況之後就可以直接切入正題。

## 對朋友和認識的人以肢體動作表達感情

根本問題
①②③

以前我和巴西人聊天時曾聽過對方說：「日本人不和我們擁抱，可能是因為人種的關係吧」。由於是很親近的朋友，所以帶了一點開玩笑的口氣。但是由於國家不同而拒絕擁抱，的確讓很多人覺得「日本人很冷淡」。

笑容、握手等等不用說，但擁抱這件事因為國情和文化不同，日本人也感到很困擾。即使是笑，也有分害羞的笑和苦笑等其他國家無法理解的笑容。但是擁抱卻是世界上表達情感的共通語言。

| 國家 | 特徵 |
| --- | --- |
| 墨西哥 | 講話時對方會靠得很近。你雖然很想退後，但還是忍住吧 |
| 義大利 | 說話習慣手舞足蹈，其實充滿熱情並無惡意 |
| 紐西蘭 | 講話音調較小，聲音太大會讓對方不愉快 |
| 新加坡 | 除了握手之外，在正式場合不與異性有其他身體接觸 |
| 烏克蘭 | 談話時和對方保持一個手臂的距離 |

圖 15

但我也聽過「因為怕涉及性騷擾所以不和女性擁抱」。如果是這樣的話我建議大家可以參考「世界文化比較百科」一書，應該會有所幫助。

## 笑臉迎人的習慣

根本問題③

戴爾·卡內基（Dale Carnegie）曾說過一句名言：「即便你身無分文，但微笑可以讓你價值百萬美金」。在日本，除了演藝人員和業務之外，很少人會意識到自己是否面帶笑容。也因此在世界的評價不高，這也是我不得不提的事情。

日語由於發音的關係，就算不開口也可以發出聲音，所以總給人說話時繃著臉的印象，大家應該要注意這一點。

我自己的做法首先是打招呼。如果是客戶或認識的人當然由自己先和對方打招呼，進而對於飯店或餐廳的員工也禮貌地打招呼。還有如果對方做了什麼，一定不忘感謝。

接著就是笑容。無論是在自己家裡或飯店，早上起床一定對著鏡子先微笑。有一次研習的時候我特地在飯店的房間先練習微笑。這樣不但可以讓臉頰的肌肉放鬆，也可以讓自己經常注意到自己的表情。

雖然不能隨時照鏡子，但是多練習之後就算不看鏡子也能知道自己現在的表情，我經常拍照對照自己的表情，即便如此還是會有表情僵硬的時候。

因此我要建議大家的一招是攝影（大家可能猜想我自己是否做了，我是用來練習演講時做的）。

攝影和拍照不同，由於是動畫，因此缺點會更一覽無遺。我經常必須用英文演講，所以用攝影機就可以看到自己的表情是多麼生硬，然後反省進而修正。因為用英文等外語演講的時候一定會緊張，也因此會讓你的表情僵硬，這一點要注意。

另外，**日常生活中要多微笑**。我的興趣是單口相聲，我自己也表演，也經常去看表演。那時就會發出會心的微笑，甚至是笑到幾乎要跌倒的誇張。

對不認識的人首先就是打招呼，然後微笑。日常生活中只要時時注意這兩件事情就能獲得極大的改變。

## 根本問題③

## 四國遍路[1]精神——對社群外的人奉獻

我曾進行四國遍路。當年與弘法大師空海有淵源、橫跨四國的88間院寺，以順行參拜來走的話，從德島縣開始，依序是高知縣、愛媛縣、香川縣。如果是從香川縣、愛媛縣、高知縣、德島縣的順序參拜的話稱為逆行參拜。我自2013年從德島縣開始行走，一直到執筆本書的2017年11月為止，終於走完所有的靈地（稱為結願）。

1　四國遍路指的是日本四國地區大規模的寺廟朝聖，朝聖者會探訪西元800年前後弘法大師（空海）的修行地，橫跨四國四縣（香川縣、愛媛縣、高知縣、德島縣）共88個寺廟。1,400公里的朝聖之路原本以徒步為主，但現今使用巴士、電車、汽車等方式也沒有問題。

我之所以開始進行四國遍路，是因為我在高野山大學修習了弘法大師空海相關的佛教思想。因此非常想要體驗空海的想法。很多札所（靈地）之間距離都在10公里以上，也有很多都是小山路，走起來相當辛苦。我從兵庫縣自家出發到第一個札所還可以靠電車或巴士，但是札所和札所之間原則上都必須步行。裝備上則是菅笠、白衣、金剛杖這些相近的衣飾。

大多數的人可能會覺得「院寺和院寺之間的路上應該有很多遍路者吧」，但是我在行走的時候，不但前後都沒什麼人，而且沿路用走的遍路者幾乎只有我一個。多數的遍路者現在都是用自駕或巴士的方式進行參拜。

21世紀的現在，行走的遍路者已經很少了。但是走路的時候你會遇到很多很棒的事。你會受到來自當地人的許多接待布施。

我也收到許多像是茶水、柑橘、點心、小佛像、甚至現金等等接待。通常無法想像走在路上有人會拿錢給你，真的嚇一大跳（我將收到的金額全數捐到下一個院寺中為對方祈福）。

在這樣一個什麼都便利的環境中，你無法想像院寺和院寺間許多地方連便利超商甚至自動販賣機都沒有。我永遠也不會忘記，在極度口渴的時候，來自農家布施柑橘的甜味。這就是自古流傳所謂接待（布施）的習俗。

在參拜的路上，遍路者會得到來自許多的接待，這在佛教的意涵上就是布施，一但接受布施，就要回饋納札以表感謝。這樣的動作不但給對方接待的機會，也讓遍路者能接受來自不相識者的布施。

四國遍路透過這樣的接待行為讓彼此不認識的人交流時，是非常寶貴的片刻吧。接待彷彿是另一種形式的贈與。**對不相識的人付出，隨手幫助對方的習慣，也意味著對自己社群以外的人奉獻。**我從四國遍路中學習到的接待，對我日後在對社群外的人奉獻是一個很棒的經驗。

專欄

## 跨領域學習／具國際化的團體——劍橋大學

我打從心裡覺得需要多元教養是在我20幾歲在英國劍橋大學留學的時候。原因是來自於劍橋大學有著非常國際化的學風。

在劍橋，學生們分屬各個不同的學院。白天在學院讀書，而宿舍則是另一個生活的據點。大家在一起共度每天的用餐、下午茶、正式晚宴、派對等等活動。幾乎一個月會有一次須穿著正式禮服的正式晚宴。在晚宴中經常會招待來自其他學院的朋友，是一個擴展社交的好場合。

另外在每年一度最有名的五月舞會(May Ball)中，大家都必須穿著正式的晚宴禮服，徹夜聊天跳舞用餐等。在天亮晚宴結束後學院的全體學員拍攝團體照已成為他們的慣例。這也是一年一次重要的社交活動。

我在劍橋所屬的學院幾乎都是研究生，英國人較少，學生大多來自世界各地。不只是歐洲、南北美洲、亞洲、非洲等等都有，簡直是一個小型世界。學生們的專門領域大概是工學院、天文學、醫學、獸醫學、文學、政治、經濟等等各式各樣都有。**劍橋大學能夠脫穎而出這麼多諾貝爾獎得獎者的原因之一，我認為就是它的跨領域學習和國際化。**

就連每天的晚餐也是社交場合，為了要和各式各樣的人對話你必須盡量和各種不同的人坐在一起。

「你覺得你對天文學的研究中最困難的是什麼？」

「17～18世紀英國的文學給後來的英國帶來了什麼樣的影響？」

「阿根廷在醫療方面面臨最重要的課題是什麼？」

「布基納法索（法語：Burkina Faso）最盛行的產業是什麼？對經濟發展來說最重要的事情是？」

全世界各地區的所有事情都可以拿來討論。這就是劍橋大學的晚餐。我為自己的無知和狹隘的話題感到羞恥。那時的經驗讓我開始努力大量吸取其他領域的知識和見解。我開始學習通曉世界各國的大小事，努力填補知識的破洞。

**無論是多小的國家，「這個國家位於哪裡」這種問題是非常失禮的。**當你一開口，瞬間你的人際關係將整個瓦解。所以我開始大量購買關於許多國家的書籍。慢慢地和其他領域的學生間交談也越來越活躍。

劍橋大學學生絕不是「書呆子型」的。學校中運動風氣也很盛行，我的學院中也有好幾人參加過奧運比賽。另外義工活動也很盛行，我當時也參加了該地區協助流浪漢的活動。透過擔任義工，我得以和許多為貧困所苦的英國人交流。我想我似乎看到了英國的另一面。當時的經驗讓我在回國之後仍然持續擔任協助流浪漢的工作。

學生在學術上跨領域學習，充滿國際化的環境，甚至積極參與社會公益活動的劍橋大學，真的是最棒的社會團體。

# 第五個習慣

# 改變「休閒時間」的安排

世界一流人才的晚餐話題主要有3個，**第一個是和本行及專業有關的話題。第二是和文化與藝術相關的話題。第三是針對社會現象發表討論各自己見。**這些話題再加上一些小故事和玩笑，就可以展開一番品味與知性兼具的談話。

日本人的休閒生活較為單調，所以像第二的文化、藝術，以及第三關於見聞的談話並不太拿手。休閒生活的安排比如：欣賞美術和音樂、戲劇表演、旅行等等這些都和增廣見聞息息相關。那麼，原本的「off」（休息）指的是什麼呢？

休息指的是工作等等正職以外的時間，也包含工作前後的時間。而並非單指週末或長假而已。在日本總是有許多經常感到疲憊的人，原因就是他們沒有獲得充分的休息。你很少看到那些活躍在全球第一線的企業人士們平時流露出疲倦的神態吧。但是日本的社會風氣就是工作第一，休息是次要的。

但是這樣的話，當你和全球菁英一起參加晚宴時，不僅僅是缺乏話題，甚至連談論本行相關話題也會讓人感覺你筋疲力竭的樣子。本章就是要告訴你想成為國際化人才所需要打破的現狀以及如何安排休閒生活。

根本問題

①

## 過度重視工作（ON）卻輕忽休息（OFF）

大家都知道一邊揹著柴火一邊看書的二宮尊德的銅像，也聽過「映雪囊螢」、「有志者事竟成」等等勵志的話。日本人很喜歡「拼命揮汗如雨地工作」這些詞彙和名言。我當然也是。

在那個階級制度明顯的幕府時期，二宮尊德憑著自己的努力當上幕臣並對幕府提出建言，是我最崇敬的歷史人物之一。日本人的勤勉正是讓日本成為經濟大國主要的原因之一。但是過度以工作為重的想法在世界上卻被視為異類。

我在一次商業座談中曾聽到過有人說：「日本人工作的姿態只會讓人想到加班而不是勤勞」。依據「2016年世界28個國家，帶薪休假比較調查」中也顯示所有國家中帶薪休假的消化率排行榜中，日本是倒數第一。對於帶薪休假覺得有罪惡感的人有59%，比例相當高。

國際上一般的員工只要一到下班時間就會回家和家人一起，這是理所當然的事情。似乎沒有像日本這樣會為了工作而犧牲個人的時間的。現今國際間也都呼籲大家不要輕忽休息時間。

## 根本問題②
## 感覺疲憊的人很多

如果你問日本人「你覺得疲倦嗎？」有一半以上的人會回答你YES。事實上大阪產業創造館針對20歲以上的1032人為對象，分別在東京、愛知、大阪所進行的調查指出，感覺疲勞的比例高達3／4（74.8％）。是沒有疲勞感的人數（大約8％）的9倍以上之多。專家指出在歐美這一類的調查結果，顯示感覺疲勞的人大約只有2成，這個結果讓我們看到日本人是多麼的疲勞。

隨著國際化演變，你必須和來自各種背景文化的人競爭、搜集訊息、持續學習……一旦你累了根本就無法和別人競爭。這也會對你的人際關係經營帶來負面影響。

另外有時疲勞並非一時的現象，而是一種慢性的累積，也許還關乎健康。經過試算由於疲勞而招致的國民經濟損失高達一兆日元以上。**日本，除了是經濟大國同時也是疲勞大國。**為了站上國際舞台，從現在起活用休息時間、回復疲勞是最重要的事。

根本問題③

## 休閒活動不夠充實

大家身邊應該有許多人因為疲勞而渴望休息吧。但是又是如何安排休閒時間的呢？依據各種調查，日本人的休息中首重睡眠，至於運動和藝術等等活動較為消極被動。也就是說，大家想著要休息並非是想要做些什麼，單純只是想要休息的比率很高。如果安排一些充實的休閒活動呢？**主要是對自己的工作有刺激的作用。**

個人旅行就大大地關乎你工作中的靈感。我們經常聽到，從事建築和都市開發相關工作的人如果到海外參觀建築物或都市會有很大的啟發，或是忽然頓悟了某個藝術創作的意義等等。商業必須有其獨創性，而藝術家們對於藝術的原創獨特性更是有著最高的要求。

另外，休閒也可以得到工作以外的樂趣和滿足感。雖說我們用工作來實現自我，但其實並不會因此就感到滿足。反而像是無論是擔任社區少年足球教練、或是長笛演奏、只憑興趣的繪畫等等都好，擁有充滿樂趣和充實感的活動是必要的。

很多人到國外出差時對工作結束後的晚宴覺得最吃力。當然語言問題是一個很大的原因，但其實真正的困難在於話題。以工作為中心的交談會讓大家都覺得疲憊。所以要有豐富的話題就必須有充實的休閒生活。

近年來退休人員的休閒生活安排已經成了社會的一大課題。尤其是男性方面。國立社會保險人口問題研究所的「生活與互助相關調查」中指出「2星期內與人交談次數一次以下」的人數，不分年齡男性要比女性來得多，60歲以後人數更是激增。

像這樣自我孤立並與社會隔絕的生活方式，可能會因為和人際的互動不足造成對身心

休息以消除疲勞

刺激工作動機

愉快・充實感

圖 16

健康的危害，導致社會成本提高。日本商業人士的休閒問題不單單只是個人問題，而是整個社會的問題。

## 根本問題①

## 養成先安排休假的習慣

**積極安排休閒生活的想法和習慣非常重要。**老一輩的日本商界人士還有著「這麼忙碌的時候還想著休息真是太不像話了」、「休假是你辛勤工作的犒賞」的想法。首先，大家應該要有預先安排休假的習慣，這樣才能積極地把握休閒時光。

另外，**在行事曆管理方面，應該將工作和休假視為一體。**在外出差時如果夜裡有空時也會和住在當地的朋友聚一聚見個面吧。像這樣的行程如果沒有整合行事曆的話根本做不到。而且整合之後就不會發生週末有預定工作，卻又碰上孩子學校有活動的情況發生。

另外，休假一定要提前預訂。大家應該都有這樣的經驗吧，當你想著「好想去聽這個演唱會，但是那段時間的日程表還沒排定」，所以遲遲拖到日程排定後才發現根本沒有時間去聽演唱會了。**早一點確定日程計劃而招致損失，以及遲遲到最後才做計劃，這兩者所帶來的風險相較之下，後者的風險較大。**像安排旅行等等大家的經驗應該也是「早一點預約比較好」吧。

聽說經營顧問大前研一都會在事前將包含休假在內的行事曆詳細安排好。附加價值高的人一定相當重視行程計劃。事實上你的休假也確實會影響到同事的工作，所以不能小看這件事，大家在工作上都可能必須相互調整。另外，發生緊急狀況以及和客戶的交涉對策也應該要準備好。當然，遇到天然災害發生時的應變措施是無法避免的。但是和同事間工作上的安排如果早一點調整就不會有問題，而和客戶間的約定也可以改到下一週就好。

即便是非常忙碌的世界領袖菁英們，大多數的時候都還是很重視私人時間。因為如果沒有將私人行程排進去的話，根本就沒有時間。所以一定要養成先安排休假的習慣。

## 享受每一個日子所各帶來的樂趣

根本問題①

在考慮休閒生活時，依據年、月、週、日的假期長短各有安排，可以有不同的樂趣。人會因為享受了休閒的樂趣後也更加能努力地工作。所以請依照假期的長短安排或集中或緩慢的活動，交錯平衡的休閒方式更能增添樂趣。

如果以年為單位的話，請先考慮一週以上的國外旅遊或長期休假，以及幾個月前就訂好的演唱會。對於可能會影響到的長時間的出差等工作，也請盡可能在做年度計劃時一併確認排進日程表裡。

如果是以一個月來考慮，就有元旦、滑雪、賞櫻、黃金週、夏日山海、回老家、賞楓等等活動。日本不是單單只能欣賞四季之美，每個月每個季節都有不同的樂趣和玩法。如果是家中有小孩的，「下個月學校有運動會先把那一天空下來」、「文化祭那天孩子有表演去看一看吧」等等，事先確認孩子學校的行事曆是很重要的。

如果是以週為單位考量，我希望大家每週都有一天用心在休息這件事上。像我是連週末都有工作的人，因為是自己的公司所以沒有特別決定哪一天休假，只要沒有約，我就自己排休（這是題外話，因為是自己的公司，工作都是自己排定的，所以即使週末上班也不會不開心。而且還會想如果不工作，存款慢慢就會減少吧……）。所以像我這樣自營公司的人一週也至少一定要安排一天完全的休息。尤其是沒有特別預定事項的日子，就會去美術館或電影院，或是去山裡走走。

最後是每天的休息。每天一定要抽出一段時間是完全可以放鬆的。像是晨起運動，或是工作特別繁忙的時候強迫自己一定要抽出10～15分鐘做適度的休息。

杏林大學名譽教授同時也是NPO國際非營利組織日本腦健康協會的古賀良彥教授指出「光靠放鬆和休息並無法消除疲勞。你必須在工作和睡眠之間享受愉快的時光，就能瞬間拋掉工作重新開機」。

在短時間內不花費用又可以一個人做的休閒，像是可以看看喜歡的連續劇、喝一杯酒、彈奏樂器等等。請務必好好享受一個人的快樂時光。

## 口出正向積極的語言

根本問題②

只要聽到有人說「工作有夠累」，日本人往往就會覺得「這個人很努力啊」。這只是對於工作上的抱怨而已，可是這當中潛藏著一個悲劇。

**像這樣抱怨工作上的疲憊在國際上是一件NG的行為。**因為不僅不能把工作交付給一個過於疲倦的人，也沒有人願意和疲累的人積極交往。最糟的結果就是讓自己淪為一個無能者然後被解雇。所以日本的企業人士一定要意識到「抱怨工作疲累」會給人非常負面的印象。

世界的幹部菁英們都是樂在工作的人。為了成果都是一早就集中精神開始工作。但是，過勞的菁英是無法端出成果的。一時的疲累誰都會有，但是沒有人會把疲倦視為一種常態。

首先，一定要養成習慣不要再說「好累」、「整天忙個不停」這類的話。因為**語言說**

**出口的瞬間我們已經受到語言的影響。**曾是讀賣巨人隊的核心選手，也曾在橫濱DeNA灣星隊擔任教練的中畑清先生曾在廣播節目中說過一段話：「我小時候常生病，但是我總是說『我很健康』，結果就真的變健康了」。所以語言的力量是很大的。

一個國際化的人才，更應該要經常意識並提醒自己「不要過勞」、「積極正向」。

## 持續運動活化腦部

根本問題 ①②③

在休閒活動中最重要的就是運動。科學上已經證明運動可以讓我們的大腦更加活躍。甚至據說可以讓腦部的神經成長因子增加35％（『靠運動鍛鍊腦部』NHK出版）。另外運動對於憂鬱症的治療也已經證實有相當的效果。大家一定要有強烈的認知，**維持好的健康、適度的運動與活化腦部，在日常生活當中這件事和你的工作一樣重要。**

我曾經在早上去過紐約的健身房，許多上班族都滿頭大汗地做著運動。世界上的菁英們很多人是有時間就運動的。

我過去長達7年的時間每天都參加全程馬拉松大賽。為此必須做足準備，我每天早上從自家跑到附近的海邊，沿著綠意盎然的河邊堤防跑約40分鐘。真的非常過癮。然後每年11月參加大阪淀川市民的馬拉松大賽。雖然只跑出4小時20分的成績，但我為了要求進步，每年進入夏天之後就會對自己進行嚴格的練習。

大阪淀川市民的馬拉松大賽，每年都會請到曾在雪梨奧運中拿到金牌的高橋尚子小姐擔任嘉賓。我每每看到站在終點附近用熱情迎接選手們的金牌得主時總感到非常感動。一年中最令我感動的日子就是參加這個有許多義工支援的大賽。讀者們也務必試試看參加當地的馬拉松大賽，跑半馬（20公里）或10公里都沒關係，應該會覺得很感動。

## 「森林療法」具有療癒效果

根本問題②③

大多數人很想做但是做不到的就是和自然的交流。國際的企業人士都經常在大自然中露營或是舉辦烤肉活動來放鬆自己。日本是森林特別多的國家，所以希望能夠讓森林的優點產生無限的發揮。

日本以前曾經相當流行森林浴，最近比較流行的是森林療法。所謂的森林療法是比森林浴更進一步、有醫學根據、保證具有森林浴效果的一種活動。目的是讓你一邊享受森林當中的芬多精，讓身體和心靈得以維持健康並且增進免疫力、預防生病等等（來自特定非營利組織森林療法官網）。

在遠古時代人類和森林等自然環境是一個共生共存的共同體。自從有了農業之後人類就慢慢和自然疏遠，尤其是近代以後的都市化人類生活和自然更加地漸行漸遠。一旦離開了自然，壓力也就跟著累積，所以現代人的壓力中有許多只要心靈和自然多接觸就可以消除。

目前有許多的縣市都在推廣森林療法，其中一個就是鳥取縣的智頭町。這個位於鳥取縣東部的小村莊，是一個幾乎被整個森林所包圍非常美麗的村落。我也參加過智頭町的森林療法活動，我的感覺是自己的壓力荷爾蒙減少、副交感神經活動提高、交感神經的活動被抑制、心裡的緊張得到緩和、整個人都活力倍增，而且還可以增強NK12活性並提高免疫力等等。

最近也有一些企業讓過勞的社員去參加接觸大自然的研習。把和自然接觸當作休息的一種方法，大家一定要試試看森林療法。

## 接觸自然的莊嚴學習謙卑的態度

根本問題

②③

在西洋的價值觀當中因為深受宗教的價值觀影響，人類和大自然是對立的。而且他們認為人類擁有支配大自然的能力。美國前總統歐巴馬的演說當中也出現過一句話：「人類是大自然的主宰者」。所以西方文化中人類和大自然之間採取的是對立的立場。

但是**對於重視和大自然共存共生的日本人來說，當他們接觸到大自然莊嚴的一面，他們會感覺人類來自於大自然同時也是大自然的一部分。**對今後的世界來說這是一個非常重要的價值觀。對於覺得人類萬能而對自然進行破壞的這些歷史，我們在重新審視的同時也能夠變得更謙卑。

我有25年以上的水肺潛水經驗。當我置身在海洋中的時候，我感受到的是海洋之美，以及人類沒有辦法像魚那樣子在海裡呼吸的一種侷限。另外我也喜歡登山和滑雪。這些活

Our ability to set ourselves apart from nature and bend it to our will.

與自然世界不同的人類能力帶來了巨大的破壞性力量。

出典：歐巴馬總統廣島演講

圖 17

動都是我們可以接觸自然感受莊嚴的活動。

## 時間再短也要走訪多國

根本問題 ①②③

經常聽到有人說好想去旅行但是沒錢也沒時間。其實只要花一點功夫就可以大大增加旅行的機會。一般人對旅行的概念就是要過夜，但是**如果把當日來回的一日遊也算在內的話，就可以活用一般的假日作短期旅遊。**

旅行最重要的是決心。「有時間的話」一直說這種話的人哪兒也去不了。像夜行巴士就可以節省時間和金錢。如果想好好休息當然不推薦夜行巴士，我只是想告訴大家，如果想要享受旅遊的樂趣，就算時間再短你都可以找個地點去走走吧。

海外旅行當然可以多花一點時間停留，但是我自己的原則是**盡量用短時間多走幾個國**

**家**。我經常做的是在每個國家停留兩天一夜，並不會因為時間不夠就不去，反而正是因為時間不夠所以每個國家只停留兩天一夜，這樣換個角度思考得到的結果大不相同。

2天的話可以去中國、韓國。
3天的話可以去東南亞和關島。
4天的話可以去南亞、中東、歐美。
5天的話可以去非洲、中南美洲。

匈牙利首都布達佩斯的美麗街道因臨多瑙河而聞名，不斷湧進世界各國的觀光客。而曾經在鄂圖曼帝國時期伊斯蘭教的清真寺，如今卻成為基督教的教會……等等。你可以透過了解這些事情重新感受歷史。

當時我果斷地決定要當天來回斯洛伐克的首都布拉提斯拉瓦。斯洛伐克是一個在1993年從捷克斯洛伐克獨立出來的小國家（正確地來說中世紀時也是獨立國如今再次獨立），人口約550萬人。雖然我當天來回，但的確感受到了與捷克全然不同的歷史文化。也可以更深入了解歐洲各民族反覆切割再融合的這一部分歷史。所以我只要出國一定會順便**規劃一**

**些可以當天往返周邊國家的行程。**

那時候如果不是半強迫自己順道去的話，可能一輩子都不會有機會去。尤其是那些小國家，如果不是特意製造機會，這一生根本不可能會去。所以就算時間再短也務必要讓自己到處走走看看。

## 為社會和人類做些什麼吧

根本問題②③

社會上處於窮困狀態的人很多。想要為這些人做點什麼的話可以參與公益活動。以全球來看，日本人花在當義工的時間比例並不高。如果你想關心工作之外的社會狀態，或是想提升自己的視野，公益活動是很重要的管道。

投身公益並不一定要到海外或是參加多麼大的活動，例如投身社區的民生福利委員就是一種。雖然業務量大且經費又少，但是可以幫助社區內較貧困的人。

除此之外，像是社區內舉辦的活動、或是與各縣市政府相關的消防活動等等。如第4章所述的全國都有協助流浪漢就業或提供生活諮詢、為他們煮愛心餐等等公益活動。不論是為了世界還是為了人們，只要投身公益活動就能為自己帶來超乎想像的充實感。

## 展現日本文化的習慣

根本問題③

在你沉浸於日本文化的同時，我建議你也將日本文化之美帶到世人眼前。

你也許存有疑問「其他國家的人對日本文化會有興趣嗎？」，但答案的確是「非常有興趣」。

日本文化具有和歐美文化、中東以及非洲文化完全不同的特徵。正因為「具有謎樣的異國風情」，所以能夠吸引人們的注意。所以熟知日本文化的我們可以說完全擁有最大的優勢。

只是大家也不用將日本文化想像得太艱深，並不需要談論高尚的藝術或文化內涵這些。只要聊聊食物和酒、自己喜歡的電影和連續劇等等話題，稍微和文化方面沾得上邊就非常足夠了。

以2016年超人氣的動畫電影「你的名字」舉例來說，就可以談到日本在地方上所保留的傳統祭典吧。許多來自亞洲的觀光客在看過電影之後，還順著片中的場景進行朝聖巡禮呢。

東亞受到中國文化的影響很深，所以對於日本文化的興趣也許沒那麼高。但是，如今和食已經成為世界性的潮流了。只要說到日本的和菓子等名產，以及日本料理特有的精緻盛盤的話題，應該都能吸引大家注意。歐美和中東對於日本的評價就是相當地具有獨特性。

我在本章最後的專欄中也提到，我曾經表演過英語單口相聲，所以我希望大家能養成習慣，好好地活用日本文化並展現在世人眼前。**在國際間你必須能夠因應對方的興趣適時展現自己國家的文化**。有機會就展現你利用休息時間所學到的文化技能吧。

## 空出獨處的時間，重新審視自己

根本問題
①②③

從適當的休息養精蓄銳的觀點來說，最重要的就是空出一個人的時間。哲學家愛琳凱蒂曾經說過：「有時候放下工作，遠離人群，獨自一個人去某個地方。就只是『待在那裡』這件事是非常重要的」。

獨自一人是獲得休息、重新審視自己的重要時機。日本人由於和朋友及家人間的往來過度密切，所以似乎很多人不知道該怎麼創造一個人的時間。如果是有小孩的人，回家之後就是被家事和孩子的事追著跑，很少人能夠擁有屬於自己的時間來好好地審視自己吧。如果想要擁有自己的時間要怎麼做呢？

首先在一週當中決定一個時段。例如星期六的早上。在和家人一起吃過早餐後，自己一個人到咖啡店去悠閒地度過3小時。因為是每週固定一次，所以選擇平日比較難執行吧，但其實如果可以，平日的晚上也不錯。

另外，出差也是很重要屬於一個人的時間。我非常喜歡到處出差。因為在旅途中可以思考很多事。甚至我會帶很多平時沒時間看的書，趁那個時候好好地閱讀。

我們平日從人際往來、交流以及家族聚會中得到許多的喜悅。但是如果一直沒有屬於自己的時間，就沒有辦法進行思考。如果想要成為國際化的人才，在休息時間中安排獨處的時間是一件非常重要的事。

現在全球正流行的**冥想，也可以說是一個人獨處省思自己的一種方式吧。**

我曾經在高野山大學修習冥想的課程，也因此了解到藉由冥想將自己和他人、自己和世界緊緊相繫的重要性。找時間盤腿打坐、調整呼吸……你不用把事情想得這麼難。習慣之後只要平日有空閒的時間就可以做了。我在工作的時候，也會利用短短的時間進行以下的步驟。

- 將注意力放在呼吸上
- 將注意力放在四肢的感覺上
- 感受整個世界

一個國際化的人才，養成獨處的習慣相當重要。另外，如果能擁有獨處的時間，也關係到將來退休之後是否能將自己的時間做有意義的安排。

## 追求人類普遍的真善美——欣賞藝術的習慣

根本問題①②③

我目前是京都造型藝術大學函授課程的學生。我在藝術教養學系中正在學習以下的內容：

- ●何謂藝術
- ●何謂設計
- ●藝術對社會有何助益

真不愧是藝術大學，不但線上學習的畫面美觀，連說明也設計得簡單易懂。這些對我這個一直以來學習社會科學的人來說很有刺激性。在經濟、政治、宗教……等等不同的領域中，藝術可以說是一種不分國際，屬於人類普遍的共通語言吧。

反過來說，世界人類對於真善美價值觀的追求就是一種藝術。藝術家約瑟夫．博伊斯(Joseph Beuys)就曾提倡「社會雕刻」的概念。他曾經說：「人人都是藝術家，並應該帶著美感參與社會」（山口周『世界菁英為何訓練美感』光文社）。在日常生活中去接觸藝術感受人類普遍的價值觀，而透過那樣的感受可以讓我們的生活更顯豐富。

事實上在京都造型藝術大學的學習中我特別關注的，就是**觀察日常身邊周圍的美**。談到藝術大家可能會聯想到繪畫和雕刻或是音樂等印象。但是藝術並非僅此而已。只要你稍微留意身邊的事物，發現各種事物的美、趣味、快樂等等都是藝術。路邊的野花、雨後的草叢和青苔、暗夜中電燈的光（藝術家中也有人以暗夜為題材進行創作）、夜晚的靜謐、潺潺的流水聲……。只要你稍加留心，你眼中所看到的事物就大不相同。

對於那些映入眼簾的事物，如果能夠以「好美啊，真好玩」、「可能很有趣喔」的心態去探索，生活就會更加豐沛吧。藝術是人類共通且一致追求的真善美。**只要接觸藝術就能打開通往世界的那道門。**

根本問題③

## 找一些退休以後也會持續做的活動

最近談論退休後生活方式的書籍多了起來，而且本本暢銷。我認為只要身體健康，不管幾歲都還有勞動價值，所以我覺得這個話題沒有意義。但是，目前社會的現狀卻也有很多人是面臨不得不退休的窘態。

因為喜歡釣魚所以退休後要好好享受釣魚的樂趣、可以專心打高爾夫等等，就算你是這麼打算的，但只要一個月大概就膩了。「在職場上明明那麼活躍……」有這類經驗的人很多吧。

但是歐美人退休後急速老化的人口不像日本那麼多。那是因為就算是還在現職的時候，他們也很重視和家人相處、以及個人獨處的時間。所以**從現在開始，當你還在職時就必須發掘一些能讓你感到充實，同時能讓靈魂愉悅的活動。**

休閒時間找一些退休後也能持續進行的活動吧。公司的設施和社交圈退休之後就沒有用了。雖說和朋友一起活動是非常棒的事，**但是擁有一個人也能持續享受的活動更好喔。**有朋友一起是最佳理想狀態，但是即使在團體中也會遇到人際問題，所以有時會不知不覺投入太多精神也太在意。另外，高齡者的聚會，也會出現朋友忽然逝去的狀況吧。所以我建議大家，無論是大學或專門學校都好，從50歲開始重新上學吧。

專欄

## 用英文落語走遍世界

我學習落語是這近10年的事。我認為英文落語會受到世界的歡迎有以下幾個原因。

第一、當中匯集了怠惰、失敗、憤怒等等人性的弱點。世界上無論哪裡到處都有這樣的人，所以它的普遍性能夠吸引全世界。

第二、能夠觸動人的心靈。在落語中並不責難那些怠惰或失敗的人們。而是去積極地抓住人們的這些本性，然後化為笑聲。是非常溫暖而觸動人心的。

第三、懲惡揚善。在落語中也有騙子、小偷等壞人的角色出現，但是到最後都會以失敗告終。像這樣懲惡揚善也是世界共通的特性。所以用英文表演落語可以獲得許多好評。

許多人對日本人的印象是「很認真但超無聊的」。我是AILA國際會員，在美國華盛頓特區的CSIS（美國戰略國際問題研究中心）進行研究。一開始自我介紹的時候，我就穿著日本和服，用笨拙的英文落語進行鋪陳介紹，結果大受歡迎。大家都覺得「新鮮又有趣」。

日本人在世人眼中始終有個印象是「認真但無趣」。所以大家有空時不妨多研究一些落語好適時展現。

以下寫了一小段給大家看看。

You receive three rings when you get married.
One,engagement ring.
Two,marriage ring.
Third,suffering.

# 第六個習慣

# 改變「學習英語」的態度（補述）

最後我們要聊的是「改變『學習英語』的態度」。和其他章節不同，在本章中關於日本人學習英語的問題占了很大篇幅。因為這些問題非常重要。

曾經有一次我參加紐約的人才開發座談時，大家曾經討論過，關於外國人來美國工作時應該具備什麼程度的英文能力。當時我說：「日本人英文不好的很多，如果美國人能多包涵就謝天謝地了」。我的話剛說完，旁邊的菲律賓人馬上激烈地反應說：「**我來美國是為了能夠有更好的表現。一旦別人認為你的英文能力差，那你根本就找不到好的工作。你的想法太天真了。**」由於她一向很安靜，所以當談到英語能力的話題時她激烈的反駁讓我印象深刻。也讓我身為日本人卻自我降低了國人的英文水平而覺得羞愧。

實際上也是如此，**在國際上只要英文不好就不配被當成夥伴或對手。**所以一定要丟掉日本人天真的想法。毫無疑問地，想要成為國際化人才，一定程度的英語能力絕對不可或缺。但是除了一部分真正優秀的人之外，包含我在內的日本人的英語能力不可靠是一個事實。

本章的內容比起前面幾章遣詞用字可能比較嚴苛。可能有些英文能力好的讀者會覺得「憑什麼要被你說成這樣啊」。我自己本身每天不間斷地費盡心思努力學習英文，但仍舊沒有多厲害，這一點也請各位多包涵。話說也正因為我知道英文實力不足會遇到許多困難，所以更想要告訴大家如何打破現狀。

根本問題
①

**「英文只要能溝通就好了？」我想問問大家：「你會相信一個無法讓人感受到熱情，日文又說得沒教養的外國人嗎？」**

有人會覺得英文只要能通就好了。如果包含你想傳達的感情、誠意、些微語氣變化都能通的話那就沒問題。那是最高境界。但是這個「只要能通就好」，如果指的是「就算有一點錯誤的表現但大致上對方能了解」的話，問題就大了。

**溝通，指的是包含語氣、情感、以及誠意在內的綜合表現。**假設今天你傳達了內容，但對方感受不到你的熱情和誠意的話，就無法感動對方。就算能簽約成功，那也只是完成了一種形式上的合作關係而已，我不認為這是一次成功的工作成果。

有人覺得只要有口譯人員就夠了，或是可以仰賴AI智慧翻譯，但除了某些特定場合之外，我是持反對意見的。因為口譯人員和AI機器都很難完整地傳達我們的情感。如果只是形式或禮節方面當然沒問題，但是如果真正想要和對方建立關係的話，口譯人員無法替你傳達自身的感情和誠意。這也是我自己擔任英語和阿拉伯語口譯時的經驗。

另外，在時間上的耗費實在是不符合時代需求。就算AI將來能夠掌握精細的情緒和語氣、也能瞬間翻譯，但那要等到什麼時候呢。至少在現階段，AI無法做到辨別語氣和察言觀色。

說話和書寫不同，說話的時候在語法或單字上出現些微的錯誤是免不了的。「第三人稱單數忘了加s」、「啊這個時候不能用現在進行式……來不及了」、「糟糕用錯單字了」像這類的情形也經常發生在我身上。

原本，太過在意文法或用詞的正確與否的話會讓你連開口都難。再加上因為每次都是一定得開口的情況下，所以可以多少容許自己犯一些錯誤。但是**如果是事業上的關係建立，無論是說話或是書寫，都必須要再三確認你的表達是否正確、合乎禮儀。**

例如Foreigner這個字有外國人的語義，但是若用得不好可能會有冒犯對方的意思。

很多人應該都有這種經驗：和人交談時直接使用在國中高中時代學習的英文，結果卻讓對方感到不愉快。比方課本中一定會有的 Who are you? 這個句子，其實有「你算什麼東西」的語意，是一種很粗魯又失禮的表現方式。日本人的英文被批評為粗魯可能是因為課本的關係吧。以英文為母語的人們在**遣詞用字上會較為婉轉且有禮貌，但同時他們也較喜歡明確的表達**。所以直接明快的表達自己的意見時也應該要留意是否讓對方有不舒服的感受。

我的英文能力不像歸國子女或能同時口譯的人那麼好，請容我懺悔一下，TOEIC 不是滿分、在閱讀英語報紙或雜誌時也常會有不認識的單字。所以我每天拼命地念書、針對世界的種種事件進行討論，但的確有時候連提問和評論都做不到，用英文和客戶接洽時也常常會擔心不知道自己是否正確表達了自己的意思。

當然我並非認為所有人都應該要強化自己的英文能力為國際化做好準備。每個人的業務種類和業務型態，以及所屬的單位都不同，對英文能力的需求也就不盡相同，有的工作根本不需要用到英文。但是那些**打算朝國際化邁進的企業經營幹部和儲備幹部，以及海外事業負責人如果無法開口說英文的話，對你的將來會是致命的危機**。不會英文就算你到了當地，大家也只會想「你到底是來幹嘛的？」。

根本問題②

## 領導階層英語能力低落，世界級優秀人才轉身離開

一般人只會自己國家的語言，這是世界的普遍現象。但是社會的領導階層或精英不會英語的國家，除了日本以外真的不多。**高階長官不具備英語能力卻被認為不是什麼嚴重的事，這情形就不太正常。**而大眾媒體沒有去議論首相和外交部長、經濟團體聯合會主席的英文能力更是一件不可思議的事。

像北朝鮮那樣近乎鎖國政策的非民主國家的情況我們無法得知，但是一般民主經濟自由對外開放的國家中，政治家、經營者、學者、記者等等對社會具有影響力的菁英們英語能力不好，是非常罕見的事。

我曾經跟舊帝國大學的工學部相關人員進行意見交流，我們認為工學部是最適合用英語授課的學科，至少在研究所的講課、座談和論文方面應該全面採用英文。但是討論沒進

行多久，就因為教授群的英語能力不足而不了了之。理工科系的研究所中大家都只會自己國家的語言，這情況簡直就像是孤島上的鬣蜥，我驚訝得說不出話來。

其實日本在明治時期很多的書院都是用英文授課。但現在就算那些超級一流的學府也都幾乎以日語授課了。姑且不論日本文學和法學的部分，工學、理學、醫學、經濟學等領域的研究所課程如果還是以日語授課為基準的話，根本就沒有辦法吸引到世界各地優秀的學生或研究者。大學是一個聚集世界菁英進行研究的場所，至少一流的大學應該要肩負起這樣的社會功能，才不會辜負人民的納稅錢。

對研究者來說引用論文是很重要的一部分。根據英國週刊 The Economist 指出跨國研究者的論文往往被引用得更為頻繁。而原本日本學者對於國際研究本來就少。**目前日本大學面對研究活動所遇到的最大瓶頸就是，太過於以日本人、以日語為中心。**東京大學和京都大學在世界排行上的名次漸漸往下掉也是因為這個因素。

這問題並不單單只出現在研究機構。日本企業之所以招募不到世界級的菁英也是因為英語。公司內的職員或幹部幾乎都是不會英語的男性擔任重要職務，所以也不會想招聘各國的優秀學生。

我從一個外商國際企業的幹部那裡聽說，雖然大家都說要多元化，但是比起採用女性，採用外國人對經營的衝擊更大。在幹部會議中如果都是同性質較高的夥伴而沒有外國人的話，產生新的衝擊較小但是相對也較難產出新戰略。所以**對於國際化的企業中大多是日本男性員工的狀況要保持警覺**。

## 根本問題③

## 日本人不只「聽」、「說」能力不足，連「閱讀」、「書寫」也有問題

經常聽說日本人閱讀和書寫沒問題，但是對話能力較弱，其實這是錯誤的看法。確實聽和說能力較差，但是實際上，閱讀和寫作方面問題也很大。

首先是閱讀，很多學者都會閱讀英文論文吧，還有許多商業人士也會訂購英文報章雜誌，這方面沒有什麼問題。

原本英文報章雜誌用的用語就是比較固定和專業，所以對英語文化不了解的話要看懂內容可能就沒那麼簡單。「如果無法閱讀英文報紙是不行的喔」雖然有聽過這樣的說法，但其實報紙真的是屬於比較困難的種類（順帶一提詞彙華麗的文學作品也是屬於較難閱讀的種類）。

再來就是寫的部分。因為要考試的關係所以日本人會大量練習日翻英以及書寫格式。所以在書寫某些文章的時候文法可能是沒有問題的。但是為考試而練習的文體在日常生活中有很多是用不到的，因為英文文法本來就有很多規則，所以只具備應付考試的能力是不夠的。

但是寫的方面會有一個可以準備的時間。最近網路上也推出許多文法相關的軟體。即便如此，只要你的文法用詞不夠精準，就會讓對方覺得你的準備不夠充分，進而對你失去信任。所以即便有這些方便的軟體，還是必須留意使用最適當的詞彙，以及檢查看看文件的內容和訴求是否通順、語意是否正確傳達。而其中語意的分辨正是AI最大的弱點。

另外，遣詞用字也是一門大學問。例如「走路」一詞在英文中除了「walk」之外還有其他字可以呈現。所以每次都要抓到最適切的字眼。

| 單字 | 意思 |
| --- | --- |
| plod | 無精打采地走 |
| stride | 大踏步走 |
| stroll | 走走停停，散步 |
| strut | 趾高氣揚地走，昂首闊步 |
| stump | 邁著沉重的步伐走 |
| toddle | 搖搖晃晃，東倒西歪地走 |
| traipse | 有氣無力，步履蹣跚 |

圖 18

在遣詞用字方面，一定要利用英英辭典等工具。在理解意思之外，對於語氣、目的等等都要進行對照，是一件非常辛苦的工作。根據在美國住了20年以上的英語達人說，即便是海外工作經驗相當豐富、英文也不錯的日本人，他們文章中文法和用字的問題還是不少。大家也要認知到一點，那就是寫作和說話不同，如果不是母語人士真的是沒辦法的。

根本問題 ④

## 因為發音不好，對方聽不懂

「不要去在意發音，一直講就對了」的說法只對了一半。的確我們的發音是很難跟母語人士相提並論，所以不要太介意而要勇敢地說出來這一點很重要。我的發音就是標準的日本腔英文。但是大家也必須注意一件事，如果發音太糟的話你要講的意思可能對方會聽不懂喔。

常有日本人批評「印度人的英語很難聽懂」、「新加坡人的英語口音很重」之類的，但說真的，比起英語文化已經扎根多年的印度和新加坡，日本人的英文才真的是超乎想像的難聽懂。

事實上我曾經聽到亞洲某個國家的企業家說過「**開會時都聽不懂日本人的英文，真的很不舒服**」。因為在那場會議中他誤解了日本人話中的意思，導致平添一堆麻煩和損失。

像這樣就是因為不流利的英文而破壞了商業合作關係的例子。

日語的子音後面經常伴隨母音。所以連續子音的單字接連出現時就會感覺發音上有困難。另外英語有些單字在拼寫和發音之間也存在著很大的差距，所以很多時候日本人的羅馬拼音確實很困難，而這也對日本人的說和聽方面影響很大。

根本問題⑤

## 屍橫遍野——英語能力不足導致巨額的商業損失

前面已經提過為何海外優秀人才不願前來日本發展。那麼也就不得不提到對於日本企業在海外國際化企業的悲慘現狀。

一般企業成功的例子都會被大肆宣揚，但是失敗的例子除非是破產程度的赤字或是醜聞，否則媒體並不會報導。最多就是報導從海外撤資的消息罷了。

**但是一旦檢視海外事業失敗的原因，就會發現很多都是因為溝通不良或是能夠進行溝通交涉的人才不足所導致。**

以下的例子和我有直接關連，是我見過的「症候群」之一。是某家公司內的事件，也許內容有些誇大，但是當中的根本問題點並沒有改變。

## ●「英語不好也能外派」症候群

首先是輕視英文的案例。令人意外的，在外派者當中認為「雖然英文不流利，但對於業務並沒有妨礙」的人數並不少。如果你聽到了這樣的聲音，還是認為外派的英文能力不需要特別加強的話，也太過天真了，這樣的企業前途注定多災多難。

如果明明英文能力很好，但是謙虛地說自己「英語不太好」的例子當然除外。

為什麼英文不好就什麼也做不了呢？我作了以下的說明。

第一、外派人員到了海外也幾乎都跟日本人來往。到了外國因為生活文化等等不習慣以及語言問題等因素，幾乎都泡在日本團體中是很常見的情形。如果是在完全沒有日資的企業或國際化的企業中任職的人，除非是和當地人結婚，否則到最後幾乎都會轉到日本企業的當地公司去任職。

除了中國、台灣、韓國的情況較特殊之外，其他國家中會日文的人真的非常有限，就算會說，但實際上能用在工作上的很少。所以外派人員和當地人的交流也就很有限。

日本人團體只占世界上極小的一部分，如果你一直在這個同溫層中打轉的話，那麼就完全無法達到外派最重要的任務——了解當地人的生活和想法。

第二、在海外當地負責的是採購的職位，或是母公司的意見很強烈。例如擔任採購的人，如果英文很好的話對於貨品的數量或品質方面就不會有太大的問題。即便英文不好，對方也會因為你是「客戶」而盡量讓你了解相關內容。還有如果母公司的立場很強烈的話，就算不會英文也能讓交易完成。

第三、這又要回到問題的起點，如果你會英文和當地語言的話，提高工作效率的可能性就會增加。如果你能夠設一個較低目標「就算不會英文也要努力學點什麼」的話，有時候你就是會剛好低空飛過達成目標。

## ●「本公司不用英文」症候群

曾經有過這樣的例子，A公司在海外有好幾個子公司，除了外派的幾個日本人之外，其餘都是聘用當地人。這些日本人當然都不精通當地語言或英文，所以常常發生溝通不良的情形。當地員工的想法是，語言能力不足的員工是幫不上忙的，應該將這些外派員的高額薪水和津貼撥一些給我們當地人才對。但是母公司還是認為應該要駐派日本人在當地，你們認為這是為什麼呢？

原因就在於**母公司的經營幹部中外語能力好的人太少了**。所以現場的各項工作就委託給當地員工，工作進度當然就停滯不前。當中最大的原因之一是，公司網頁的英語化也太慢。如果讓當地員工擔任管理階層的話，除了部分東亞的國家之外，和母公司的視訊會議幾乎都要用英文。而日本母公司內並沒有能夠參與這樣視訊會議的幹部。

像這樣，一邊叫員工去學英語，一邊說不會英語不行，但是自己英語一竅不通的幹部很多，這就是日本的現狀。

### ●「英語不通喪失機會」症候群

據說歐洲有一家非英語系的世界級製造商對於已經進軍中國的日本某零件廠商的當地子公司有興趣。當地子公司由於會英文的日本人不多，對外幾乎都是仰賴會日語的中國人。對歐洲廠商來說希望對方派出會英語的人進行交涉是理所當然的事，結果由於沒有這方面的人才，因此這個採購案就沒有成功。這也可以說是「外派英文不通」症候群所帶來的影響之一。

## 「海外M&A（併購）失敗」症候群

據併購專家說，對海外進行併購有90%會失敗。因為被高價收購後無法進行整合經營。而其原因之一就是對於該公司的文化和環境背景等不夠了解所產生的溝通不良。所以常常發生管理上太鬆或太緊的狀況，以及海外併購後缺乏兩家公司在制度、文化等方面整合的概念。

日本經濟新聞等媒體會報導大型併購、進軍海外等等事件，但相對的，對於失敗的例子報導得非常少。但實際上失敗的例子非常多見，問題多數出在外派人員或交涉者的英文能力不足。

將原本國內日本人的語言能力進行提升，至少加強那些外派的管理人員的英文能力的話，日本的經濟會大有不同吧。或許我說得嚴苛了，但這也是事實。所以讓我們來談談相應之道吧。

## 沒有捷徑——腳踏實地背單字和文法

根本問題①③

據說要能夠閱讀英美一流的雜誌和報紙，以及要能夠用英語進行較有內涵的對話，至少必須具備2～4萬的單字程度。但是大學入學考試所必須具備的語彙數字是6000～7000左右。所以**「大學入學考的英文成績優異」這樣程度的英文能力根本不足以閱讀英美一流的雜誌和報紙以及用英語進行較有內涵的對話。大家一定要認清這個事實。**

就算一天背10個新的單字，一年也不過才3000個。還要加上背了又忘以及一些不能念書的日子，這是個大挑戰。

大學畢業後如果不經過幾年的持續努力，根本背不了2～4萬個單字。結論是，學習英文沒有捷徑，你必須踏踏實實地卯足全力。你可以找到很好的教材和老師，也可以讓自己交談的機會盡可能增加。但是單字的記憶和表現方式就只能認真地去背。

那麼要如何增加自己的語彙呢？其實，背誦對商業人士來說作用不大。和一般的考生不同，他們著重在馬上就要能夠使用。但是踏踏實實地背誦又是必須的，不但在教材上，在書寫方面以及傾聽的時候，如果語彙數量不夠根本無法和其他人較量。而且在遣詞用字上也要小心。

比較好的方法之一是，在**Google上檢索使用方式**。也就是說，輸入由幾個單字所組成的英語表現，然後看看應該如何運用。單靠和英辭典和日語的解說是不夠的。如果根本查不到使用方式，那就表示根本沒有人這樣用。重複用Google查閱英文單字，就能夠提升遣詞用字的能力。

另外還有一點，**試著理解及記憶前後文的語意**。在閱讀英文報紙和專業書籍時，如果能夠理解前後文的意思也能順道記憶當中的單字。我經常帶著英文單字本，每天重複地看。大約唸5次就比較容易背了。

還有一個方式，將新學到的單字寫下來試試看。即便是很少機會用英文交談的人，在每天從家裡到車站的路上，也可以試著用5個左右的新單字做一篇小短文，然後小小聲地唸出來。總之**要記住英文單字和表現方式最重要的就是去使用它們。**

## 寫作要給母語人士檢查

根本問題③

即便是日常的電子信件往來，都要用軟體確認是否有拼寫或文法上明顯的錯誤。但是最重要的是，如果同事或身邊有母語人士的話，我建議你將信件拿給他們看一下。

和工作相關的文件一定要請英語母語相關人士修正過。這時候，拜託熟悉該工作領域的母語人士非常重要。最近在網路上有些住在海外的英語母語人士願意用比較低的價格提供這項服務。大家千萬不要捨不得花這筆錢。

一份正確的英語書信也是信用的一部分。無論東西方，商場上信用永遠都是最重要的東西。為了保持信用，往返的書信文件務必請母語人士修正過再寄出。

## 每天早上大聲地朗讀

根本問題
①③④

我有一個朋友T先生，他的英文在我的朋友中是數一數二的。我印象很深刻的是，在他過世時我前往弔唁，他的太太對我說：「我一直都記得他每天早上自己在房間裡練習英語發音的情景」。被稱為英語達人的他原來每天都進行朗誦的功課。

英語只要不是每天說很快就會跟不上。所以我推薦大家要習慣每天朗讀英語。不論時間長短，只要持續每天以固定的時間進行，就能提振士氣。我現在也每天都朗讀NHK的「實用商業英語」和CNN新聞。

## 根本問題④

# 注意輕重音和連音

經常聽到有人說：「不需要做到像母語人士一樣的發音」。的確，要做到那樣的發音並不簡單，並非一般努力就能達到的程度。所以忙碌的商業人士沒有辦法投入那麼多時間也是正常的吧。

但是「日本人的英語演說中常會出現聽不懂的3～4個單字，這會讓人聽不下去」。當我聽到外國人這樣說之後，讓我再度重新思考。我自己因為本身發音不夠好，所以還特地為了矯正發音去上了一年的課。我在學習當中認知到自己以前對發音的看法實在是太天真。**發音這件事對說英文的日本人來說，比他們所認為的更加重要。**理由如同前面說過的，發音不佳會產生誤解。

所以我推薦，要正確認識重音的記號，而且要確認單字的重音。

特別要注意的是，有很多發音跟日語的「あ」一樣，所以應該要好好區辨。另外日語中有「っ」的促音，所以在唸英文的時候會有切斷的感覺。還有複數型態和第三人稱用的「s」也常被忽略，或是即使我發音了也會因為太小聲而讓人聽不到，所以大家一定要注意其實母語人士比我們想像得要更重視發音這件事。

英語是單字和前後文字「發音相連」的語言。這個相連性在聽力方面比起說話方面更重要。例如「have a」的連音。這對每個音節都用一樣的速度發音的日本人來說真的很困擾。但是如果你意識到這個重要性，對於聽力方面會大有幫助。

**事實上日本人對於英語聽力苦惱的原因，最主要是由於缺乏語彙量和不習慣連音的關係。**

## 像落語[1]一樣，要投入「感情」

根本問題 ①③

**我曾聽說在某個國際會議上當日本人開始發言時，因為音量很小所以大家都聽不清楚，而且表情僵硬所以一下子就引起大家注意。**但是，一般如果表情手勢有到位的話，即便語彙用錯也應該不至於招致太差的評價才對。**談到溝通，無論是世界上任何地方，情感和思想都是最重要的。**所以如果表情僵硬，身體動作不多，就無法表達自身的情感和想法。

想要改善這一點可以學習英語的單口相聲（類似英語脫口秀）。推廣英語落語的桂枝雀大師曾在著作「用落語說英文」中提到「肢體動作．英語」的想法。也就是在英文中加入一些表情或動作。

就算是平時說日語時能夠自然地比手畫腳地交談，但是說英語時因為要考慮到文法、語彙等因素，所以不自覺地就會缺乏生動的表情。那麼如何才能說一口生動的英語呢。

枝雀大師說，當你一邊拿起筆時就一邊說「pick up a pen」，動作和英語發音同時進行就可以了。也就是將自己日常的動作英語化。另外在說英語的時候，要想像自己在舞台上，讓自己像劇中的主角說著台詞的樣子，然後不斷練習。例如NHK「實踐商業英語」就是以會話的方式呈現。總之把自己想像成各種角色，說著劇中的台詞然後反覆練習。

## 大量閱讀英語文章

根本問題 ①②③

一邊說「要提升英語能力」，但是讀的都是日語……。這樣並沒有辦法提升英語力。英語達人的閱讀量都是相當驚人的。

1 落語：單口相聲。

在「英語達人列傳」（齋藤兆史著 中央公論新社）中，新渡戶稻造、岡倉天心、坪內逍遙這些明治時期的英語達人的小故事中，任何一位的讀書量都非常豐富。當時東京大學內授課的講義也幾乎都是英文，所以用英文讀書已成了理所當然的事。我感嘆地想：「如果東京大學至今依舊維持用英語授課的話不知有多好……」。

**明治時期為了「趕上外國」，知識分子幾乎是拚了命地學習各種知識。這樣求知若渴的精神，我不認為現在的日本人已經忘記了。**

那麼要如何閱讀英文才是對的呢。我的建議是閱讀你自己本身專業領域的書籍。因為有共通的專業用語，邏輯性也比較明確，較容易閱讀。另一方面文學作品中因為華麗詞藻太多，而且有些還必須要先具有文化的先備知識，所以較難閱讀。

我想提一下我自己平時最常閱讀英文報紙方面的經驗談。我想勸大家在閱讀英文報紙的時候，不要因為覺得很難然後馬上就想放棄。英語報紙和雜誌的內容程度相當高，即便TOEIC拿900分的人也還是覺得很難。

比方拘泥於表現形式的標題就很難看懂，多人都會覺得「我都已經這麼努力了，卻連一個標題單字都看不懂」這樣挫折的情緒連我也無法避免。像這樣的英文媒體很多，所以看不懂是理所當然的事。你首先要認清這一點，並且不要太在意。維持你自己一貫的學習動力就是最好的出發點。

另外，自己專業相關的報導，並不需要全部閱讀。就像日本報紙你也不會全部看完是一樣的道理。你需要做的不是全部閱讀，而是挑選各個報導的標題和重點來看才是重要的。如果要全部閱讀的話只會徒增你自己的挫折感而已。至於標題的挑選，可以依以下的標準挑選。

●自己的產業和業種
●在商場上今後值得注意的國家或地區

另外在閱讀報章的時候，首先要抓住「標題＋導言」的原則。在導言中會用2～3行的文字概略說明內文，所以只要閱讀「標題＋導言」，大致上就抓住重點了。

其次要注意的是，重點通常會出現在文章的前半部（一般來說是在第二段），所以不要錯過。

經由判斷後如果是比較重要的新聞，就花點時間讀一下第一段。第一段的內容大致上分為2種模式。

一種是已經明確地寫出結論。這時候只要閱讀到這大致上就夠了。另一種則是充滿了華麗的詞藻和情節，讓讀者去猜測「到底作者想要表達什麼呢」。這一類型的寫法通常在第二段就會出現重點。所以大部分的報導重點都會在第一段或第二段中出現。

**最重要的是，在結論的段落中找尋重點可以大大節省時間。**

當然，在第一、二段落中還是得不出結論的情形也有，這時候就必須繼續閱讀其他段落。尤其是 But、However 等字後面常會出現重要的依據或主張，所以要仔細閱讀。

英語沒那麼好的人，幾乎閱讀量都很少。的確，看英文報紙談不上是件愉快的事，但是為了了解世界上發生的事情，大家一定要養成增加英語閱讀量的習慣。

目前為止我們討論的重點都是以英語為中心。在諸多外語中英語的確是佔了最優勢的地位。如果你想要在國際間更活躍，那麼英語不好將會是最致命的危機。但是我想強調的是，像我現在駐任的地點，除了英語之外，學習當地語言也是很重要的一環。

在某一次演講中我提及了當地語言的重要性時，有一位來聽演講的人這樣回應我，他說：「我在企業服務很久了，跟你一樣也被外派到沙烏地阿拉伯去過，但我覺得並不需要用到阿拉伯語，我覺得不如把時間拿去學習別的事情」。

因為當時聽眾非常多，所以我看了一下氣氛後回他「這麼說也是可以的」，然後結束這個話題。但是我的本意並非如此。因為**我其實常常聽到許多阿拉伯人和了解阿拉伯人且會說阿拉伯語的日本人們，批評那些到當地工作卻完全不學當地語言的日本人。**

在演講中回應我的那個社員，一定是英文非常好而且在工作方面有相當的成就。但是我想表達的是，如果你會阿拉伯語，說不定業績和工作成就會更佳。我並不是要大家花大把的時間去學會流暢的對話。而是希望大家可以看得懂文字、可以自我介紹、搭計程車的時候可以簡單地應對、在餐廳時可以點餐等等大致上這樣的程度就可以了。但是連這些都不肯學的日本人真的很多。

大家試著想想看相反的情形，假設自己的公司來了一個美國人上司，預計待上3年以上，可是對方從頭到尾除了「你好」、「謝謝」之外的日語完全不會，你會怎麼想？漢字、平假名、片假名都不學，你會想要親近這個美國人嗎？

**學語言這件事並非只是一種溝通的工具，而是要連同該語言的文化和習慣一起學習。因為語言和文化、習慣、宗教都有著密不可分的關係。**藉由學習英語，就可以接觸到在日語中缺乏的英美人的思考邏輯方式。也可以學習到他們微妙地運用語法來婉轉地待人接物。

其他像是中文，尤其是唐詩，可以學習到中國人豐富的表現力和深奧的文化內涵。我認為中文中的感嘆詞，正是代表著他們充滿了豐沛的情感。

甚至當我學了阿拉伯語後，也理解了阿拉伯人因何如此崇拜阿拉真神，阿拉為何在日常生活中扮演了如此重要的角色。「阿布杜拉」、「阿布杜」這幾個名字都是阿拉伯人和伊斯蘭教徒常用的名字，意思都是「阿拉的奴隸」。在這裡奴隸有強烈的服從伊斯蘭教神的意思，這也是要學了當地語言才能理解的。

**專欄**

## 隨時善用時間學習英語

我想跟大家介紹我在日本是如何在一天中「學習英語」。清晨五點天還沒亮，聽到鬧鐘的聲音就起床（有時會因為前一天晚歸而晚起），然後去慢跑。

慢跑回家後，只要當天沒有工作需要外出我就會在家聽「實踐商業英語」的錄音。不懂的單字或表現就先畫線標示記在單字本上。每天都要複習單字本上的內容。另外如果出差在飯店時，就會聽聽「CNN ENGLISH EXPRESS」的CD。不管在哪裡都找時間朗讀。

然後就在家一邊聽CNN或BBC，一邊看紐約時報（The New York Times）。紐約時報可以說是世界級的優質報紙，也是世界級菁英都會閱讀的報紙之一。我在外交部工作時，最多人看的也是紐約時報（當地報紙也受到重視，像是負責中東事務的人當然也會看阿拉伯語和波斯語的中東報紙），離開外交部後我仍然持續這個習慣，一直都自己定期訂購。

如果是出差不在家，就會在飯店的餐廳一邊吃早餐一邊看《經濟學人》雜誌（The Economist）。我經常都隨身帶著它。比較困擾的就是日本有很多飯店都沒有CNN等英文頻道。在外國觀光客不斷增加的情形下應該要增加這個頻道比較好吧。

**一天的早晨就接觸英語媒體是很重要的。**這樣就可以確認日本的媒體對於國內外的報導究竟比例有多少。

我每一週有2天在神戶大學擔任非約聘的講師。除了領導力的課程，也擔任非洲、中東、亞洲等帶職的留學生的研討課程。全部都是英語授課。在研討座談中，我們會討論關於社會革新和領導力方面的議題以及專書輪讀。現在正在閱讀關於企業家精神的世界名著「精實創業（The Lean Startup）」。目前正在讀第一章，學生們正針對自己在商業上所得到的啟發進行討論，之後也將增加英文寫作的內容。因為如果你的客戶是外資的國際企業，在國內的會議也會變得需要使用英語。

回家後我會做一些輕鬆的工作或邊讀書邊看 CNN 和 BBC。連晚上都只看英文頻道的新聞的確很累，所以有時候也會看看國外的連續劇和預錄的 NHK 的科學節目。為了拓展國際化的視野，片刻也不能懈怠。因為總是覺得自己的英語能力還不足，所以無時無刻都為了提升英語能力而拼命努力。

# 地球倫理時代的到來——對日本人領導力的期待

大家知道我們生存的地球每天約有100種生物滅絕嗎?據說地球正面臨史上第六次大滅絕時代的來臨。在我參加的地球倫理協會中,這也是各個領域的專家們討論的話題之一。

這樣的滅絕據說是由於人類的各項活動所帶來的地球暖化、生態破壞、人口激增、資源枯竭、戰爭、恐怖攻擊、貧困以及差異問題對地球產生了巨大影響所帶來的結果。麻省理工學院的名譽教授諾姆·杭士基說:「二次大戰後的時代,人類已經具有毀滅地球的能力。許多科學家也都認同這是一個人新世[1]的時代」(『人類的未來——AI、經濟、民主主義』NHK出版)。

**我認為,身為現代人對於人類已經具有毀滅地球的能力這件事要有所認知。**在這樣地球充滿危機的時代,人類又該做些什麼呢?

第一、為了理解地球整體運作,必須提高自己在科學、哲學、經濟學、政治學等各領域的視野。像本書中的各種討論,也可以說是一種「國際化教養」。而並非只是特定領域間的較量。

第二、拋棄「自我中心」,一切以地球為第一考量。如果自我中心,就會本國中心,進而以自己企業為中心。在地球已經陷入危機狀態的現今，大家的行動和思考都應該從全球的角度來看待。這是一個講求地球倫理的時代。

第三、在世界各地培養能夠實踐以上作法的領導精英。要拯救地球的危機，就必須從政治和經濟兩方面下手，這兩方面的領導人必須對地球問題有共識並聯手去解決問題。

今後的地球倫理時代，我認為日本人在世界上擔任著重要的角色。勤勉、正直、守時等等都是日本人被讚揚的特質。而其中的**中庸之道、重視和平、和自然共生、對宗教的寬容等特質，我認為在地球整體運行上具有非常深遠的意義。**

聖德太子曾說過：「以和為貴」。日本人自古以來就很重視和周圍的和諧以及互動。即使和歐美或中國等其他國家相比，也不是那種極端弱肉強食的社會。例如當一個王朝被消滅後，該族以及所有的人民都會被徹底毀滅，世界史上這樣的例子不勝枚舉。為了防止敵人攻擊，歐洲的街道上甚至會有類似山上要塞那樣的建築物出現，甚至兄弟鬩牆內部權力相爭的情況也很常見。

1　人類世，又稱人新世，是指地球最近的地質年代。

在第二次世界大戰中，日本的確曾經侵略他國殺害了無辜的市民，違背了和的真義，這是應該要深切檢討的。但是從整個大歷史來看，相對還是比歐洲各國要重視和平。日本並不是極端弱肉強食、貧富差距甚大的社會。據說即便是相當重視身分地位的江戶時代，在食物和衣飾方面「上位者和庶民間的差距也不大」。

另外，日本人相當重視和自然的共生。這一點和認為自己是大自然的主宰者的西方人不同。

在日本人的姓名中，有許多充滿大自然意涵的漢字，像是山、川、森、林、木、松、櫻、野、原、石等等。田、稻、米、麻等和農作物相關的字也經常使用。因為農作物代表著大自然給予的恩賜。據我所知，世界上好像沒有像日本這樣將自然融入姓名中的民族。

日本是一個自古以來就相信神是無所不在的民族。由於對宗教的寬容，日本國內幾乎沒有發生過攻擊其他宗教設施的恐怖事件。在我擔任義工的神戶的NPO，他們會供養那些路邊的亡魂，而且會在同一個場所連續用佛教和基督教兩種方式舉行祭拜，我想這在世界上也很少見吧。

話雖如此，大家也要留意那些源自於無知而對宗教產生歧視和不公平的待遇。如同前面所述，日本人正有著這樣的情操。我希望今後在這個地球倫理的時代中，日本人的領導精英能夠發揮這個特性。我自己身為領導者，我打算賭上我剩餘的人生，把整個世界的希望寄託在這個地球倫理的時代中。

這本書的完成，要感謝許多的朋友、客戶、同事的支持和指教。因為人數太多就容我不一一寫出。其中CCC媒體的鶴田寬之先生、The Appleseed Agency公司的鬼塚忠社長。另外，從企劃到執筆、編輯、印刷各方面都給予我大力協助的原田明先生。還有一直和我相互切磋的讀書會好友，在讀完我原稿後給我諸多建言的萬代企業的執行董事長尾二郎先生。

當然本書若有任何的錯誤或誤植的話是我的責任。

最後要感謝的是為我看過無數次原稿的妻子、香織以及每天充滿朝氣的2個小孩。

最後誠摯地感謝大家看完這本書。

寫於四季更迭充滿自然之美的鳥取大山

山中俊之

How85

# 打造國際思考力

國際化人才必備的5+1個習慣

Adaptability
for a rapidly changing world

打造國際思考力：國際化人才必備的5+1個習慣
創造自我價值.反轉未來法則開創精英領導力！/
山中俊之著；廖佳燕譯. -- 初版. -- 臺北市：八方出版, 2020.01
面；　公分. -- (How；85)
譯自：世界で通用する「地頭力」のつくり方
自分をグローバル化する5+1の習慣
ISBN 978-986-381-211-1(平裝)
1.職場成功法 2.習慣
494.35　　108020851

2020年1月16日　初版第1刷
定價350元

著者　山中俊之
譯者　廖佳燕
總編輯　賴巧凌
編輯　陳亭安
封面設計　王舒玗
發行所　八方出版股份有限公司
發行人　林建仲
地址　台北市中山區長安東路二段171號3樓3室
電話　（02）2777-3682
傳真　（02）2777-3672
總經銷　聯合發行股份有限公司
地址　新北市新店區寶橋路235巷6弄6號2樓
電話　（02）2917-8022・（02）2917-8042
製版廠　造極彩色印刷製版股份有限公司
地址　新北市中和區中山路2段340巷36號
電話　（02）2240-0333・（02）2248-3904
印刷廠　皇甫彩藝印刷股份有限公司
地址　新北市中和區中正路988巷10號
電話　（02）3234-5871
郵撥帳戶　八方出版股份有限公司
郵撥帳號　19809050

SEKAI DE TSUYOSURU「JIATAMARYOKU」NO TSUKURIKATA
JIBUN WO GLOBAL KASURU 5+1 NO SHUKAN
by TOSHIYUKI YAMANAKA

Originally published in Japan in 2018 by CCC Media House Co., Ltd.

Printed in Taiwan.